选择 决定一生

人生就是一连串选择的过程。

刘 川■编著

中国華僑出版社

图书在版编目（CIP）数据

选择决定一生 / 刘川编著. —北京：中国华侨出版社，2014.9
ISBN 978-7-5113-4910-1

Ⅰ. ①选… Ⅱ. ①刘… Ⅲ. ①人生哲学-通俗读物
Ⅳ. ①B821-49

中国版本图书馆 CIP 数据核字（2014）第 216649 号

●选择决定一生

编　　著/刘　川
责任编辑/棠　静
封面设计/纸衣裳书装
经　　销/新华书店
开　　本/710 毫米×1000 毫米　1/16　印张 17　字数 220 千字
印　　刷/北京溢漾印刷有限公司
版　　次/2014 年 12 月第 1 版　2014 年 12 月第 1 次印刷
书　　号/ISBN 978-7-5113-4910-1
定　　价/32.00 元

中国华侨出版社　北京朝阳区静安里 26 号通成达大厦 3 层　邮编 100028
法律顾问：陈鹰律师事务所
编辑部：（010）64443056　64443979
发行部：（010）64443051　传真：64439708
网　址：www.oveaschin.com
e-mail：oveaschin@sina.com

前　言

人生是一条曲线，起点和终点是无可选择的，但是起点和终点之间充满着无数个可以选择的机会，我们靠选择把握自己的命运。选择伴随着每个人的一生，并决定了每个人一生的命运和成败。

在我们每个人的一生中都会面临着很多次的选择。可以说，人生无处不选择，人生就是一连串选择的过程。面对人生的起落与挫折，你的观念、你的态度、你的方法，都是由你自己选择的，而你的选择也决定了你是否快乐自在。

在瞬息万变、诱惑四伏的现代社会中，更需要人们保持一种平淡沉稳、从容自若的心态。远离浮躁、从容选择，是一个现代人适应社会环境的基本要求。当一些重大的选择摆在我们面前的时候，需要我们采取绝对谨慎的态度。因为选择得好，你就会春风得意，取得事业、家庭的双丰收。否则的话，你就有可能跌入痛苦的深渊，甚至让你万劫不复。

正确的选择是如此重要，然而在现实生活中，有很多人在面临选择的时候，竟然非常草率。他们往往做出错误的选择，之所以如此，是因为他们不懂得该如何去选择。

有很多人活得迷茫、自卑、消极甚至沉沦，他们认识不到自身的价值，不懂得自身蕴藏着巨大的、无限的潜力，这真的是一件很可悲的事。归根结底，是因为他们不善于选择积极乐观的心态，所以才导致了他们事业、婚姻、生活等方面的失败连连。

谁拥有了选择的力量，谁就掌握了人生的命运。选择是成功者前进道路上的航标，只有量力而行地选择，才会有更辉煌的成功。做对的选择，比把事情做对更重要。

在安定中选择改变；在逆境中选择突破；在争议中选择面对；在批评中选择幽默；在打击中选择宽容；在沟通中选择机智；在自信中选择智慧；在得失中选择释怀。记住，选择的权利就在你自己手中，不要犹豫和麻木了，勇敢地站起来，大胆地去选择你的未来。你的成功、你的快乐就在你的正确选择之中。

目　录

第一章　选择人生态度
——有什么样的人生态度就有什么样的生存状态

一个人对生活抱有什么样的态度决定了他的人生境界。态度能使一个人走向成功，也能使一个人彻底地失败。成功是由那些抱有正确的人生态度并积极地付诸行动的人所取得的。失败者之所以失败，是因为他们没有一个正确的人生态度。由于对人生的态度不同，导致了结果的不同。由此可见，态度决定了我们生活品质的高低并进而决定了我们的命运。

第二章　选择决定成败

——人生的层次在正确的选择中得以提升

在我们每个人的人生旅途上都会面临着许多的选择，如升学、就业、择偶、婚姻等等。选择得好，你的人生就会顺风顺水，驶入幸福的快车道。反之，你就会走入人生的低谷，饱尝失败、挫折等痛苦的折磨。由此，选择的重要性可见一斑。因此，在人生的各种重大选择面前，你一定要慎之又慎，力求使自己做出正确的选择。因为做出什么样的选择，将决定你一生的成败。

第三章 选择进退时机
——把握进退时机才能立于不败之地

纵观人类历史，大凡能成就伟业者，无不是深谙进退规则之人。人生之中，知何时退让为上策，懂何时进攻是时机，方可圆润通达。进退，是一种智慧，一种胸怀，一种手段，掌握了进与退的奥秘，也就找到了人生顺利、圆满的法门。

第四章　选择职业方向

——选择不同的职业意味着选择了不同的命运

俗话说：男怕入错行，女怕嫁错郎。不同的职业实际上就是不同的行业。特定的职业，通常意味着不同的发展机会与空间，也决定了不同的生活方式。成功者能在自己所从事的领域出类拔萃，能够以自己的付出为个人赢得尊重，为家庭提供支撑，这就是通常意义上所说的事业有成，这可说是人人追求的目标。因此，可以说，选择了一份职业，就等于选择了一生。

第五章　选择处世之道

——做人做事的方式是一个人立身之本

一个人要立足于社会，就要懂得怎样去为人处世，也就是懂得怎样去处理复杂的人际关系。人际关系的好坏，对你事业、生活的成败有着莫大的影响。处理人际关系需要我们拿捏好一个“度”，为人既要走得正、行得端，拥有真正的“自我”，又要想方设法地赢得别人的认可和喜爱，并能灵活地应对各种各样的人。唯有如此，你才会拥有顺畅、良好的人际关系。它对你的事业、生活将会起到良好的推动作用。

第六章 选择适时创业
——为自己谋划一个更广阔的发展空间

一个真正想干一番事业的人是不会甘于永远生活在别人的屋檐下的，都想开辟一片属于自己的天地。所谓“宁做鸡头，不做凤尾”就是这个道理。他们毅然决然地选择了自主创业这条路。创业，不乏困苦和艰难，但不经历风雨，如何能见彩虹？没有人能随随便便成功。创业，是最能展示个人才华的舞台，创业，能让你拥有一个更广阔的发展空间，能让你的事业更加辉煌、更加灿烂。

第七章　选择交友标准

——有正确的交友方式才会有良性的人际关系

俗话说："一个篱笆三个桩，一个好汉三个帮。"这个世界上没有一个人是全能的，任何人都离不开别人的帮助。在这个讲究人脉的社会里，单靠个人的单打独斗是不可能取得成功的。我们需要朋友的帮助。但选择朋友须慎重，我们需要的是能与我们患难与共、不离不弃，能在生活、事业、学习等方面给我们提供有益帮助的朋友。这样的朋友，才是我们真正的良师益友，才是我们一生最大的财富。

第八章　选择快乐心情

——学会放弃负重心态

如果有人向我们提出这样一个问题："人活着什么最重要?"相信大多数人的答案是一致的：那就是快乐最重要。怎样才能获得快乐？首先就是要拥有一个良好的心态。现代社会，很多人活得不快乐，是因为他们有太多的欲望，渴望拥有的东西太多，同时对名利等身外之物过于患得患失，始终让自己活在负重的心态中，这样怎么会快乐呢？放弃负重的心态吧！尝试让自己快乐起来，只有选择快乐的心态才能让你开创出幸福美好的生活。

第九章 选择另一半
——自己的幸福只能自己做主

我们每一个人都渴望拥有甜蜜的爱情、幸福美满的婚姻。但是在现实生活中，不和谐的婚姻却比比皆是。究其原因，一是男女双方都犯了选择上的错误，没有找到最适合自己的人；二是不懂得用心去经营自己的婚姻，因此才出现了那么多痛苦的、失败的婚姻。记住：你有权利选择自己的幸福。找一个最适合自己的人，与他（她）一起努力经营好自己的婚姻，“执子之手，与子偕老”，岂不是人生最大的幸福？

第一章　选择人生态度

——有什么样的人生态度就有什么样的生存状态

一个人对生活抱有什么样的态度决定了他的人生境界。态度能使一个人走向成功，也能使一个人彻底地失败。成功是由那些抱有正确的人生态度并积极地付诸行动的人所取得的。失败者之所以失败，是因为他们没有一个正确的人生态度。由于对人生的态度不同，导致了结果的不同。由此可见，态度决定了我们生活品质的高低并进而决定了我们的命运。

一、正确的生活态度比成功更重要

1. 挺起你自信的胸膛

一个充满自信的人一定有着乐观的生活态度。他能够在复杂的处境中表现得从容镇定，有着积极的自我意识、明确的价值观念和良好的自我状态；他能够有意识地追求和充分地表现人格的魅力和令人折服的自信。

我们做人要有强烈的自信，自信是成就自我的根本。自信心有大小之分。有大的自信，就有大的成就；有小的自信，只能有小的成就；没有自信，只能一无所成。

人生中的坚忍、进取、勇敢、耐心、恒心、克服困难、战胜危险等许多美德，都源于自信。英雄豪杰之所以成为英雄豪杰，就在于他们相信自己的能力，相信自己能超越别人、战胜别人，从而自强不息、奋斗不止、勤奋不辍。德莱顿说："信心可以使一个人征服他相信可以征服的东西。"自信是承担大任的第一个条件。只有非常的自信，才能成就非常的事业。对事业充满自信而永远不屈服，便永远没有所谓的失败。

凡是使用过电脑的人相信对"微软"这个名字都不陌生，然而大多数人只知道它的创始人之一——比尔·盖茨是个天才，却不知道他为了实现自己的目标而付出了多么艰辛的努力。

当时盖茨发现在墨西哥州阿布凯基市有家公司正在研究开发一种称为"个人电脑"的东西，可是它要用 BASIC 程式语言来驱动。于是他便着手开始编写这套程式并决定完成这件事，虽然他并无前例可循。

盖茨有个很大的长处，就是一旦他想做什么事，就必会充满信心地闯出一条属于自己的路来。在短短的几个星期里，盖茨和另外一个搭档竭尽全力，终于编写出一套程式语言，因而也使得个人电脑问世，惠泽全世界。

盖茨取得的成就可以说是计算机史上的一个里程碑，扩大了电脑的世界，30 岁的时候成为一名家财亿万的富翁。现在，盖茨拥有超过 460 亿美元的资产，登上了世界首富的宝座。

无可否认，盖茨的成功，一方面是他立下了编写电脑程式语言的志向，一方面是他相信自己能成功。

对事业充满自信而不屈服，便没有所谓的失败。有充分的自信就能发挥无比的威力。一个人要挑战自己，靠的不是投机取巧，不是耍小聪明，靠的是自信心及持之以恒的行动。一个人放弃了自信心，等于放下了手中的武器，主动承认失败，主动承认自己是失败者。

人在成长过程中，应该不断发掘出自己的特长，通过不同的尝试和创造，去了解自己的才华和能力，再透过能力与才华的认同，去建立起自己的自信心。一个完全没有自信心的人，是不敢去尝试做任何事的，因为他们惧怕失败。

但自信心十足的人，却可以跨越失败，走向新的成功。因此，经常可以看到这样有趣的现象：一些人屡战屡败，屡败屡战；而另外一些人却是跌倒后便一蹶不振，自信心荡然无存，破罐子破摔，再也爬不起来。

丧失自信心不但会使失败的人永远丧失转败为胜的翻身可能，而且还窒息了重塑自我的机会。因为，一个人对自己的能力都没有起码的信心，又怎么会有人愿意把机会交给他呢？没有自信，犹如画地为牢，把自己困在一个狭小的角落里，永远没人注意到你。

信心的力量是无穷的。可是，仍有许多人受着信心不足的折磨。找到自己信心不足的原因，对症下药，扩展并丰富自己的经验、知识能力等等，尤其是提高综合能力素质水平，是培养和训练自信心的关键。

以下几种方法，作为辅助手段，可以帮助我们训练和培养自信心。

（1）心理暗示法。

成功学家拿破仑·希尔曾指出：“信心是一种心理状态，可以用成功暗示法诱导出来。”“对你的潜意识重复地灌输正面和肯定的语气，是发展自信心最快的方式。”

当我们将一些正面、自信的语言反复暗示和灌输给我们的大脑，这些正面的自信的语言就会在我们的潜意识中根植下来。

我们都可以给自己“算命”，给自己一些积极肯定的语气，并不断加以重复暗示、启发：“靠着命运给我的力量，我凡事都能做，即使有些困难，也是在考验我的意志。我一定会成功，只要我永远努力。”

（2）寻找力量法。

成功人物传记和成功自励的书，最能帮助我们找到勇气和力量，从而增强我们的自信。成功人物都曾经历过信心不足、迷茫挫败等打击锤炼，又经过成功的滋润。他们自信的建立最有启发意义。

成功自励的书籍，更是运用许多成功的例证，从各个角度阐述成功的正确观念和态度以及一些成功的技巧。这对我们增强自信也极有好处。

（3）自我分析法。

第一，分析超脱。当你感到自卑不如人、缺乏自信时，多方面分析原因：家庭出身如何？从小到大的环境如何？受到的教育如何？是否缺少亲友帮助？人生目标是什么？人生信念是什么？等等。这样便能找出缺乏自信的原因。各人条件不同，追求目标不同，理智地分析就不会因某一时、某一方面不如人而丧失信心。

将自己的人生放在一些大背景中去分析，更容易超脱。整个世界，整个人类历史，整个国家，整个社会等等大背景中，可能会有人比你强，但一定会有人比你处境更差。卡耐基曾引用一个故事说：“当你担心没有鞋时，却有人还没有脚。”从大背景进行分析，主要是让我们从个人小圈子的局限中超脱出来，从自卑的情绪中超脱出来。超脱了局限和自卑，你便能肯定自己，从而树立自信心。

第二，列举成功。从小时候到现在为止，每个人都会有许许多多、大大小小的成功，把它统统列举出来，哪怕是一件小小的成绩也不放过。比如：考上中学，考上大学；某科成绩开始不怎么好，后来赶上去了；当了学生干部，获某项比赛的好名次；学会骑自行车、摩托车；某次做生意成功了；某次交友成功了……多花时间，仔细回顾，如数家珍地一件件列举出来。望着这些成就，你可能会很惊讶，原来自己也有这么多成功。成功的体验使人信心倍增。

第三，对比优势。选一个年龄相仿的成功者作比较对象。列出自己的特长、爱好和才能，比如：打球、跑步、绘画、写作、外语、下棋、唱歌、跳舞、演讲、交际、某种技艺、吃苦耐劳的特性、善于创新的精神、机灵、幽默……从自己的优势中找出对比对象不如你的项目。看到成功者也有不如你的地方，你的自信心就会增强。

总之，只要对信心的形成有正确的理解，采取行动不断充实自己，提高自己的能力，弥补自己的不足，增加成功的体验，我们就能增强自信。任何一种精神上的进步或物质上的收获，都是增强自信心的滋补剂。

树立必胜的信念，没有更多的诀窍，关键在于我们自己有无决心去行动，去获取成功的经验。只有拥有足够的信心，你才能适应这个环境的变化，才能有所作为。

2. 热忱是你工作的符号

爱默生说：“有史以来没有任何一件伟大的事业不是因为热忱而成功的，最好的劳动成果总是由头脑聪明并具有工作热情的人完成的。”

热忱是事业成功不可或缺的条件。与其说成功取决于个人的才能，不如说成功取决于个人的热忱，思想家、艺术家、发明家、诗人、作家、英雄，人类文明的开拓者、大企业的缔造者——无论他们来自什么种族、什么地域，无论在什么年代——这些带领着人类从野蛮走向文明的人们，无一不是充满热忱的人。

一旦缺乏热忱，军队无法克敌制胜，艺术品无法流传后世，一旦缺乏热忱，人类不会创造出震撼人心的音乐，不会建造出金碧辉煌的宫殿，不能驯服自然界各种强悍的力量，不能用诗歌去打动心灵，不能用无私崇高的奉献去感动这个世界。

有一个穷困潦倒的青年艺术家，他在巴黎的美术馆里陈列着一座雕像。他每天都要去那儿工作，就在作品模型快完成时，气温突然变得异常寒冷，到了零下好几度，假如雕像模型里的水分结冰凝固的话，雕像就会完全变形。贫穷的艺术家于是把全身的衣服都脱了下来，把雕像盖住。次日清晨，人们发现这位艺术家已经冻死了，但是他的雕像却活了下来，后来，被别人加工成了有形的大理石作品。

著名的美国政治家亨利·克莱说："发生重要事情时，别人怎么做我不知道，但我自己会全身心地投入，不关心四周的一切，那一刻，对我来说，世界是不存在的。"

有一位金融家也说："一个银行想要取得巨大成功的话，最好的方法就是雇一个做梦都想把银行经营成功的总裁。"只要有了热忱，一切毫无味道、枯燥的工作都会变得生动起来。

一个年轻人，恋爱时往往会有更敏锐的感觉，在他所爱的人那里，看到其隐藏的种种优点；同样，一个充满热忱的年轻人，他的感觉也会因之变得敏锐，可以在别人看不到的地方发现动人的美丽，这样，即便再乏味的工作，再艰难的挑战，不管是贫穷还是困难与挫折，都可以坚忍地承受下来。

狄更斯每次构思小说情节时，几乎都寝食不安，他的故事完全将他的心灵萦绕占据，这种情形一直要到他把故事都写在纸上才算结束。为了描写一个场景，他有时一个月闭门不出。最后再来到户外时，他看起来面容憔悴，简直像一个重病人一样。笔下的那些人物让狄更斯成天魂牵梦萦，茶饭不思。

有一个12岁的小男孩钢琴弹得非常熟练。一次，他对著名的作曲家莫扎特说："先生，我想自己写曲子，该怎么开始呢？"哦，孩子，"莫扎特对他说，"你还应该再等一等。""可是您作曲的时候比我现在的年龄还小啊？"小孩继续问。"是啊，是啊，"莫扎特回答说，"可我从没问过这类问题。你只要到了那种境界，自然而然就会写出东西来。"

政治家格莱斯顿说：最有意义的事情莫过于把一个孩子内心潜藏的热忱激发出来。每一个孩子身上或多或少都有一些将来可以成就大器的潜质，不仅那些反应敏捷、聪明伶俐的孩子是这样，那些相对木讷、甚至看起来有些愚钝的孩子也同样有这样的潜质。一旦他们产生了热忱，这种热忱的力量，将让他们的"愚钝"慢慢消失。

不要忽视热忱的力量，它在一定条件下可以创造出奇迹来。穆罕默德就是一个例子，他带领阿拉伯人，在短短的几年内，从无到有，建立起了一个比罗马帝国的疆域还要辽阔的帝国。虽然他们的战士没有什么盔甲，却有一种崇高的理念在背后支撑着，所以其战斗力丝毫不亚于正规的骑兵部队。他们的妇女和男子一样在战场上纵横驰骋，杀得罗马人溃不成军。他们武器虽然落后，粮草严重不足，但军纪严明，从来不去抢夺什么酒肉，而是靠着小米、大麦，最后征服了亚洲、非洲和欧洲的西班牙。他们的首领用手杖敲一敲地，人们简直比看到一个人拿着刀枪还要害怕。

拿破仑准备两周时间就可发动一场战争，换成别人至少要一年。这中间的差别，正是因为他那无与伦比的热忱。战败的奥地利人目瞪口呆之余，也不得不称赞这些跨越了阿尔卑斯山的对手："他们不是人，是会飞行的动物。"拿破仑在第一次远征意大利的行动中，只用了15天的时间就打了六场胜仗，缴获了21面军旗，55门大炮，俘虏15000人，并占领了皮德蒙特。

在拿破仑取得这次辉煌的胜利之后，敌军中的一位将领愤愤地说："这个年轻的指挥官对战争艺术简直近于无知，用兵完全不合兵法，他什么都做得出来。"但他正是以这么一种根本不知道失败为何物的热忱鼓舞着士兵们跟随着他们的长官，取得一个又一个胜利。

法国英雄圣女贞德凭着一柄圣剑和一面圣旗，外加她对自己使命坚定不移的信念，为法国的部队注入了即使国王和大臣也无法提供的热忱。她的热忱，扫除了前进道路上的一切阻碍。

一个人如果知道自己身上蕴藏着怎样的力量，那会创造何等的奇迹啊！然而，正如野马只有脱了缰奔跑时才能发挥出全部的潜力一样，人也只有在这种情形下才能发挥出自己的最大能力。

也正是因为热忱，伽利略才举起了他的望远镜，最终让整个世界都拜倒在他的脚下；哥伦布才克服了艰难险阻，领略到了巴哈马群岛清新的晨风。凭借着热忱，自由才获得了胜利；凭借着热忱，林中的原始民族举起了手中的利斧，开辟了通往文明的道路；也是凭借着热忱，弥尔顿、莎士比亚才在纸上写下了他们不朽的诗篇。

3. 不断尝试是你的状态

美国探险家约翰·戈达德说："凡是我能够做的，我都想尝试。"在约翰·戈达德 15 岁的时候，他就把他这一辈子想干的大事列了一个表。他把那张表题名为"一生的志愿"。表上列着："到尼罗河、亚马逊河和刚果河探险；登上珠穆朗玛峰、乞力马扎罗山和麦特荷恩山；驾驭大象、骆驼、鸵鸟和野马；探访马可·波罗和亚历山大一世走过的道路；主演一部'人猿泰山'那样的电影；驾驶飞行器起飞降落；读完莎士比亚、柏拉图和亚里士多德的著作；谱一部乐曲；写一本书；游览全世界的每一个国家；结婚生孩子；参观月球……”每一项都编了号，一共有127个目标。

当戈达德把梦想庄严地写在纸上之后，他就开始抓紧一切时间来实现它们。

16岁那年，他和父亲到了乔治亚州的奥克费诺基大沼泽和佛罗里达州的埃弗格莱兹去探险。这是他首次完成了表上的一个项目，他还学会了只戴面罩不穿潜水服到深水潜游，学会了开拖拉机，并且买了一匹马。

20岁时，他已经在加勒比海、爱琴海和红海里潜过水了。他还成为一名空军驾驶员，在欧洲上空作过33次战斗飞行。他21岁时，已经到21个国家旅行过。

22岁刚满，他就在危地马拉的丛林深处，发现了一座玛雅文化的古庙。同一年，他就成为“洛杉矶探险家俱乐部”有史以来最年轻的成员。接着，他就筹备实现自己宏伟壮志的头号目标——探索尼罗河。

戈达德26岁那年，他和另外两名探险伙伴，来到布隆迪山脉的尼罗河之源。3个人乘坐一只仅有60磅重的小皮艇，开始穿越4000英里的长河。他们遭到过河马的攻击，遇到了迷眼的沙暴和长达数英里的激流险滩，闹过几次疟疾，还受到过河上持枪匪徒的追击。出发10个月之后，这3位“尼罗河人”胜利地从尼罗河口划入了蔚蓝色的地中海。

紧接着尼罗河探险之后，戈达德开始接连不断地实现他的目标：1954年他乘筏漂流了整个科罗拉多河；1956年探查了长达2700英里的全部刚果河；他在南美的荒原、婆罗洲和新几内亚与那些食人生番、割取敌人头颅作为战利品的人一起生活过；他爬上阿拉拉特峰和乞力马扎罗山；驾驶超音速两倍的喷气式战斗机飞行；写成了一本书《乘皮艇下尼罗河》；他结了婚，并生了5个孩子。开始担任专职人类学者之后，他又萌发了拍电影和当演说家的念头。在以后的几年里，他通过讲演和拍片，为他下一步的探险筹措了资金。

将近60岁时，戈达德依然显得年轻，英俊，他不仅是一个经历过无数次探险和远征的老手，还是电影制片人、作者和演说家。戈达德已经完成了127个目标中的106个。他获得了一个探险家所能享有的荣誉，其中包括成为英国皇家地理协会会员和纽约探险家俱乐部的成员。沿途，他还受到过许多人士的亲切会见。他说："……我非常想做出一番事业来。我对一切都极有兴趣：旅行，医学，音乐，文学……我都想干，还想去鼓励别人。我制定了那张奋斗的蓝图，心中有了目标，我就会感到时刻都有事做。我也知道，周围的人往往墨守成规，他们从不冒险，从不敢在任何一个方面向自己挑战。我决心不走这条老路。"

戈达德在实现自己目标的征途中，有过18次死里逃生的经历。"这些经历教我学会了百倍地珍惜生活，凡是我能做的，我都想尝试。"他说："人们往往活了一辈子，却从未表现出巨大的勇气、力量和耐力。但是，我发现，当你想到自己反正要完了的时候，你会突然产生惊人的力量和控制力，而过去你做梦也没想过，自己体内竟蕴藏着这样巨大的能力。当你这样经历过之后，你会觉得自己的灵魂都升华到另一个境界之中了。"

戈达德说："《一生的志愿》是我在年纪很轻的时候立下的，它反映了一个少年人的志趣，其中当然有些事情我不再想做了，像攀登埃佛勒斯峰或当'人猿泰山'那样的影星。制定奋斗目标往往是这样，有些事可能力不从心，不能完成，但这并不意味着必须放弃全部的追求。""检查一下你的生活并向自己提出这样一个问题是很有好处的：'假如我只能再活一年，那我准备做些什么？'我们都有想要实现的愿望，那就别拖延，努力尝试去做，迟早会有成功的一天。

敢于尝试的态度对于成功者来说是非常重要的。一个人对于生活的态度不是一成不变的，你可以设法改变你的态度。在你前进路途中的每一步上，你都肩负着一定的责任，因此，一定要树立一个正确的态度，始终坚持尝试。

二、心态决定状态

1. 别让自卑困扰你

一个人对生活抱有什么样的态度，往往决定了他的生活质量。有很多人被自卑的情绪所困扰，自卑往往束缚住了他们的手脚，成为他们走向成功的极大障碍。自卑，在每个人的潜意识里或多或少都存在。有句话不是说，天下无人不自卑么！但一个人若想成就大事，就必须战胜自卑感。

1951 年，英国有一位名叫弗兰克林的人，从自己拍得极好的 DNA（脱氧核糖核酸）的 X 射线衍射照片上发现了 DNA 的螺旋结构之后，他就这一发现做了一次演讲。然而由于生性自卑，又怀疑自己的假说是错误的，从而放弃了这个假说，1953 年在弗兰克林之后，科学家沃森和克里克，也从照片上发现了 DNA 的分子结构，提出了 DNA 双螺旋结构的假说，二人因此而获得了 1962 年度诺贝尔医学奖。

如果弗兰克林不自卑，而是坚信自己的假说，进一步进行深入研究，这个伟大的发现或许会以他的名字载入史册。一个人如果做了自卑情绪的俘虏，是很难有所作为的。

自卑是自信的天敌，自卑是人生的陷阱。

唐代大诗人李白在《将进酒》中吟道："天生我材必有用！"这是何等豪迈的气势！心理学家读到此句的时候，肯定还会再加上一句：这是何等的自信！现代人周围充满竞争，眼前常有机遇，尝试成了现代人相当时髦的人生信条。每当人们走向新的挑战之前，总是向挑战者或竞争者显示：天生我材必有用，这次胜利非我莫属！但是，在人生舞台上，有些人却低声哀叹：天生我材……没用。这种自卑的消极情绪与自信者产生了强烈的反差：自信者相信自己的力量，竭力去做人生舞台上的主角；自卑者则认为自己没有能力，只适合当观众。自卑是个人由于某些生理缺陷或心理缺陷及其他原因而产生轻视自己，认为自己在某个方面或其他各方面不如他人的情绪体验，表现在交往活动中就是缺乏自信。

另外，自卑者面对生活缺乏勇气，不能与强大的外力相抗衡，致使自己在痛苦的陷阱中挣扎。事实上，所有在实际生活中说自己为某事而自卑的朋友，都认为自卑不是好东西，他们渴望着把“自卑”像一棵腐烂的枯草一样从内心深处拔出来，扔得远远的，从此挺胸抬头，脸上闪烁着自信的微笑。

自卑是人生最大的跨栏，每个人都必须成功跨越才能到达人生的巅峰。

也许，就在你还是孩童的时候，自卑这个神秘的怪物就已经跟随着你，一步一步地侵蚀你的勇气和信心，你会忧虑同伴看不起你，存心疏远你、孤立你；当你读书的时候，你会怀疑自己的能力，总觉得自己的能力略逊一筹，虽经不懈努力，成绩还是不能拔尖，于是你就自暴自弃，放任自流，你开始害怕见到老师，在同学面前你抬不起头，渐渐地你变得孤独、不合群；当你步入社会，你会无端猜测别人对你不怀好意，埋怨领导对你不器重，感叹世态炎凉，社交缺乏勇气，见人就脸红、心跳、惶惶不安，以致回避社交，不敢见人；当你工作的时候，你会处处觉得压力的存在，样样不顺心，面对困难你会无从下手、无所适从；当你恋爱时，你会过分关注你自己的表现，你会很在乎对方对你的评价，你会怀疑自己的魅力，担心被对方抛弃，害怕错过这次机会以后情况会更糟；等到你步入婚姻的殿堂，你却莫名其妙地怀疑起自己的性能力和生育能力。

自卑常常在不经意间闯入我们的内心世界，控制着我们的生活，在我们有所决定、有所取舍的时候，向我们勒索着勇气与胆略；当我们碰到困难的时候，自卑会站在我们的背后大声地吓唬我们；当我们要大踏步向前迈进的时候，自卑会拉住我们的衣袖，叫我们小心地雷。一次偶然的挫败就会令你垂头丧气，一蹶不振，将自己的一切否定，你会觉得自己一无是处，窝囊至极，你会掉进自责的漩涡。

当然，自卑感表现在哪一方面，表现为何种程度，也是因人而异的。自卑感较强的人，常常通过牺牲自己的权利而让旁人来证实自己。自卑感的产生，往往并非认识上的差异，而是感觉上的差异。其根源就是人们不喜欢用现实的标准或尺度来衡量自己，而是相信或假定自己应该达到某种标准或尺度，如“我应该如此这般”，“我应该像某种人一样”等。这种追求只会滋生更多的烦恼和挫折，使自己更加抑制和自责。实际上，你就是你自己，不必“像”别人，也无法“像”别人，更没有理由要去“像”别人。因此，要想不被周围的环境所俘虏，走出自卑，就需要敢于面对挑战，去迎接它、战胜它、超越它。

对自己始终充满信心，就是给你的人生增添了更重的成功的砝码。一个想成大事者，首先必须战胜自卑感，树起信心，充实而坦然地面对生活。

2. 绝不允许纵容自己

人生中最大的敌人是谁？答案是：你最大的敌人不是来自外部，而是来自内心。最大的敌人就是你自己。如果你能战胜自己的话，那么就没有什么东西战胜不了的了。但战胜自己又有几个人能做得到呢？更多的人是在有意无意地放纵自己，有的人对生活采取玩世不恭的态度，表现得对一切都无所谓，认为这样很“潇洒”；有的人不思进取、得过且过；有的人对自己采取放任自流的态度，对自己的情绪、行为丝毫不加约束。这些人最终的结局就是毁了自己的一生。

我们每个人都在通过努力做使自己生活更有意义的事，并且在向着未来的目标奋进。但是，生活在现实的世界中，我们会面临着各种各样的诱惑，此时正是对我们自制力的一种考验，我们要善于自我约束。你应该懂得，那些提供大量暂时的满足的事，通常就是对我们长期的健康、快乐和成功最有害的事情。因此，在追求一种有意义的生活时，我们应当努力预测自己所从事的事情对将来可能产生的后果。

不可否认，人是有欲望和需求的，如果对欲望和需求不加以约束和克制，欲望就会自我膨胀。权欲、名利欲、占有欲、贪欲，所有这些都是人生活在社会中，受到社会环境的影响产生的，也最能对人的情绪产生影响。道家所提倡的“清心寡欲”是对待欲望的一种方式，而还有一种方式，就是不加克制地任由欲望膨胀，其结果当然是有百害而无一利的。

除了欲望，人还有惰性心理以及消极心态，这些都是成功的大敌。成功者从来不会纵容自己，他们懂得自律，自律是修身立志成大事者必须具备的能力和条件。

从本质上讲，自律就是你被迫行动前，有勇气自动去做你必须做的事情。自律往往和你不愿做或懒于去做但却不得不做的事情相联系。“律”既然为规范，当然是因为有的行为会越出这个规范。比如，刷牙洗脸是每天必须要做的事情，但是有一天你回到家筋疲力尽，如果你倒床就睡，是在放纵自己的行为；如果你克服身体上的疲惫，坚持进行洗漱，这是你自律的表现。人们往往会遇到一些让自己讨厌或使行动受阻挠的事情，而在这种情况下，你就应该克服它对情绪的干扰，接受考验。

自律表现为两种：一是去做应该做而不愿或不想做的事情；二是不做不能做、不应做而自己想做的事情。做到了这两点，问心无愧，坦坦荡荡，你就会成为一个人格高尚、值得他人信任的人了。

用了同样的努力，有人成功了，有人则失败了。他们可能都知道成功的途径，但他们之间有一个主要的不同，就是成功者总是约束自己去做正确的事情，而不成功的人总是让自己的情绪控制自己。正如有人所说："我的预见很少出错，但我却常常做错事。"要具备自我约束的能力，必须不断地分析自己的行动可能带来的长期的最大利益的决定而行动，必须抑制人的感情的冲动。感情冲动地行事，是一种失去控制的危险生活。然而，我们却依旧凭感情冲动行事。例如：当一大群人朝着一个方向行走，而你的理智或常识告诉你那是一个错误的方向时，你自我约束的能力就受到严重的考验。这时也正是你必须运用自我约束的力量压倒你想随大流时那种冲动的感受的时候，要提醒自己，这个大流从长远看并不一定都正确，而战胜自己之后，你会有一种重新找回自我的那种快感。

千万不要纵容自己，给自己找借口。对自己严格一点儿，时间长了，自律便成为一种习惯，一种生活方式，你的人格和情绪也因此变得更完美。

3. 正视自己的不完美

完美主义者在我们的生活中随处可见。他们对人、对己、对事往往抱着一种近乎苛刻的完美态度，其结果是处处碰壁，饱受痛苦的折磨。其实，现实中，人生是没有完美可言的，完美只是在理想中存在。生活中处处都有遗憾，这才是真实的人生。处处追求那种所谓的"完美"，只会给我们带来更多的遗憾，只会让我们的生活更不"完美"。

在印度佛教的《百喻经》中，有这样一则可笑而发人深省的故事。

有一位先生娶了一个体态婀娜、面貌娟秀的太太，两人恩恩爱爱，是人人称羡的神仙美眷。这个太太眉清目秀，性情温和，美中不足的是长了个酒糟鼻子。柳眉、凤眼、樱嘴、瓜子脸蛋上，却长了个酒糟鼻子，好像失职的艺术家，对于一件原本足以称傲于世间的艺术精品，少雕刻了几刀，显得非常的突兀怪异。

这位丈夫对于太太的鼻子终日耿耿于怀。一日出外去经商，行经贩卖奴隶的市场，宽阔的广场上，四周人声沸腾，争相吆喝出价，抢购奴隶。广场中央站了一个身材单薄、瘦小清癯的女孩子，正以一双汪汪的泪眼，怯生生地环顾着这群如狼似虎、决定她一生命运的大男人。这位丈夫仔细端详女孩子的容貌，突然间，他被深深地吸引住了。好极了！这个女孩子的脸上长着一个端端正正的鼻子，不顾一切，买下她！

这位丈夫以高价买下了长着端正鼻子的女孩子，兴高采烈，带着女孩子日夜兼程赶回家，想给心爱的妻子一个惊喜。到了家中，把女孩子安顿好之后，他以刀子割下女孩子漂亮的鼻子，拿着血淋淋而温热的鼻子，大声疾呼：

“太太！快出来哟！看我给你买回来最宝贵的礼物！”

“什么样贵重的礼物，让你如此大呼小叫的？”太太狐疑不解地应声走出来。

“喏！你看！我为你买了个端正美丽的鼻子，你戴上看看。”

丈夫说完，突然抽出怀中锋锐的利刃，一刀朝太太的酒糟鼻子砍去。霰太太的鼻梁血流如注，酒糟鼻子掉落在地上，丈夫赶忙用双手把端正的鼻子嵌贴在伤口处。但是无论丈夫如何的努力，那个漂亮的鼻子始终无法粘在妻子的鼻梁上。

可怜的妻子，既得不到丈夫苦心买回来的端正而美丽的鼻子，又失掉了自己那虽然丑陋但是货真价实的酒糟鼻子，并且还受到无端的刀刃创痛。而那位糊涂丈夫的愚昧无知，更是叫人可怜！

有些人以为自己是在追求完美，其实他们才是最可怜的人，因为他们是在追求不完美中的完美，而这种完美，根本不存在。

俗话说：“人无完人，金无足赤。”人生确实有许多不完美之处，每个人都会有这样那样的缺憾，真正完美的人是不存在的，即使是中国古代的四大美女，也有各自的不足之处。历史记载，西施的脚大，王昭君双肩仄削，貂蝉的耳垂太小，杨贵妃还患有狐臭。道理虽然浅显，可当我们真正面对自己的缺陷，生活中不尽如人意之处时，却又总感到懊恼、烦躁。

其实，完美的标准是相对而言的，因人的审美观不同而不同，今天以肥为美，明天就可能以瘦为美。古人以脚小为美，如果今天有“三寸金莲”走在大街上，路人肯定会笑掉大牙。

完美主义在做任何事情之前，都不能克服自己追求完美的痴情与冲动。他们想把事情做到尽善尽美，这当然是可取的，但他们在做一件事情之前，总是想使客观条件和自己的能力也达到尽善尽美的完美程度然后才去做。因而，这些人的人生始终处于一种等待的状态之中。他们没有做成事情不是他们不想去做，而是他们一直等待所有的条件成熟，因而没有做，结果就在等待完美中度过了自己不够完美的人生。

有这样一个完美主义者，他想写一篇论文，首先在尝试几种、十几种乃至几十种方案之后才去动手写。这么做当然是好的，因为他可能在比较之中找到了一种最佳的方案。但是，在他开始写的时候，他又会发现他选择的那种方案依然有些地方不够完美，多多少少还存在着一些错误和缺点，都不是尽善尽美，而他却非得要找出一种“绝对完美”的方案来。于是，他就将这种方案又重新搁置起来，继续去寻找他认为的“绝对完美”的新方案，或者，将这一论文的选题又放下，又去想别的事情。实际上，天下没有什么东西是“绝对完美”的，他要寻找的这种东西是不存在的。这种人总是不愿出现任何一种失误，担心因此而损害自己的名誉。所以，他的一生都在寻找的烦恼中度过，结果什么事情也没能做成。

完美主义的人往往不愿意接受自己或他人的缺点和不足，非常挑剔。有的人没有什么好朋友，总也找不着对象，和谁也和不来，经常换单位，为什么？那是因为他谁也看不上，甚至会因为别人的一些小毛病，而忽略了别人主要的优点。

完美主义的人表面上很自负，内心深处却很自卑。因为他很少看到优点，总是关注缺点，总是不知足，很少肯定自己，自己就很少有机会获得信心，当然会自卑了。不知足就不快乐，痛苦就常常跟随着他，周围的人也一样不快乐。

人生确实有许多的不完美，但我们可以选择走出不完美的心态，而不是在“不完美”里哀叹。当然，也不是一味地去追求所谓的完美。抛弃处处要求完美的心态，以一种轻松、快乐的态度做人做事，你会更多地发现生活中美好的东西，你会发现原来快乐地生活就是这样简单。

三、成功代表过去，能力代表现在，学习决定未来

1. 读书、读事、读人

父母赋予我们生命却不能主宰我们的命运，我们的命运就掌握在自己的手中，改变命运的途径只有一个：那就是不断地学习。如果你不满足于你目前的命运，那就要从现在开始抓紧一切时间和机会用知识来改变它。

在一部著名的影片中有这样一个场景，独裁者问雇佣军中的少校："说出你最喜欢的武器，我都能给你弄来。"

少校回答："才智！"

的确，"才智"可以称得上是所有武器中最厉害的武器，但"才智"是买不到的，要获得"才智"，唯有通过学习。

这个世界上没有天才，别人比你更有能力、更成功，只是因为别人比你更爱学习，更会学习。

但在现实中由于应试教育，大家对学习有了反感。许多人大学一毕业，就高兴得把那些书都扔了。这就等于在离开学校后，学习就画上了一个句号，表明学习结束了，再也不学习了。其实离开学校时，人应该是一个问号，因为学校的学习只是掌握一些基础的知识和学会学习的方法，真正的学习是从学校毕业后才开始的。

一个人停止了学习，也就意味着停止了成长，停止了进步。意味着

自动地丢弃了那种最厉害的武器。我们只听说过成功者喜欢学习的，没听说过不喜欢学习的人能成功。

世界华人首富李嘉诚就是一个喜欢学习的典范。他少年时因战乱没有完成学业，这成了他最大的遗憾。因此他决定做生意赚够100万后，就重新回学校念书。但当他赚到100万后，由于已经拥有了一个企业，要对员工负责，所以没办法回学校念书了，他就只好利用业余时间自修，这养成了他每天晚上都要看书的习惯。他说为了避免晚上看书入迷忘了时间，影响第二天的工作，每次看书时，他都要设定闹钟。

正是这种热爱学习的态度，使李嘉诚成为了别人眼中的超人。他在经营塑料工厂时，订阅了很多世界著名的塑料工业杂志，从中了解世界市场和新产品技术。一次他在杂志中发现美国研制出一种新的制造塑料产品的机器，但价钱要2万美金，他买不起，他就决定自行研制。

他勤奋地学习有关知识，36个小时不眠不休，最后成功地制作出了同样性能的机器，但成本却只有美国机器的十分之一。这部机器制造出来的塑料产品为工厂赚了不少钱，从此李嘉诚工厂的资产以每年至少10倍的速度增加。这就是热爱学习为李嘉诚带来的好处。

世界首富比尔·盖茨也是一个热爱学习的榜样。大学期间别人热中于谈恋爱，他却热中于电脑软件和看关于财经的书籍。他认为看书比谈恋爱更好玩。

比尔·盖茨喜欢学习，学习使他拥有了丰富的知识，使他不仅在软件方面有独特的贡献，而且在企业管理上也创出了一套适合现代企业的方法，这就是期权制，让主要员工获得公司股票的期权。不是说微软创造了上百个亿万富翁吗？现代很多大型企业都采用了微软的管理方式，从某种意义上来讲，比尔·盖茨在管理方式上的贡献比他在软件方面的贡献还更重要。

任何一个成功者，都是通过学习才开始走向成功的。终身学习，就意味着终身书不离手才会终身进步。社会在不断地发展变化，学习就像逆水行舟，不进则退，没有原地踏步的。人的知识不进步，就会后退，知识就像机器也会折旧，特别是像电脑方面的知识，数年不进步，就会面临淘汰。一个人要成长得更快，就一定要喜欢学习，善于学习。

毛泽东就更是一个读书迷了。他在临去世前的几个小时，由于眼睛已经看不见了，还要秘书为他念他所喜欢的书。

犹太人说：没有知识就不能成为真正的商人。毛泽东说：没有文化的军队是愚蠢的军队。

你能得到多少，往往取决于你的知识才智在何种层次上。知识能改变命运，这是永恒的真理。

2. 谦卑学习，每天都有收获

老子说："江海之所以能为百谷王，以其善下之，故能为百谷王。"

百川之所以都汇流于大海，因为大海处在最低的地方。

什么叫虚怀若谷？装满了水的杯子，再往里面倒水是倒不进去的，你只有始终保持一种空杯子的状况，才能吸纳更多的水。

越是出色的人物，越是养成了终身学习的习惯，他们真正做到了"活到老，学到老"，让人常常感叹，年轻人反而不如他们好学。因为他们经历丰富，一生都在不断地追求进步，所以他们才真地懂得知识的重要性，尊重知识，这也正是他们能成功的原因。而且作为他们都有了一定的社会地位，还能放下身份来学习，这本身就表现了一种做人的品格。

反而很多年轻人，感觉向别人学习、请教别人很没面子。其实，谦虚是一种美德，不耻下问或者喜欢请教别人也是一种美德，这并没有什么难为情的。聪明人就是最爱学习、也最会学习的人，请教别人其实比看书的学习效果更好。要不，为什么我们读书时有了教材，还需要教师呢？

要记住谦虚才能学习得更多。

孔子说："知之为知之，不知为不知，是知也。"知道就是知道，不知道就是不知道，才是真知。做人要保持谦虚，不要不懂装懂。

骄傲是成功的致命杀手。谦虚的人经常感到自身的不足，因而就能坚持不懈地进取。

契诃夫说："对自己不满足，是任何真正有天分的人的根本特征。"

泰戈尔说："当我们大为谦卑的时候，便是我们最为伟大的时候。"

高尚的人都是谦虚的，正因为谦虚则更高尚。成功的人都是谦虚的，正因为谦虚他才能成功。

金庸先生名闻海内外，当别人把他与茅盾、巴金等人并称为文坛巨匠时，他说："我连做他们的学生都不配。"

著名作家梁晓声先生在一次接受采访时说："在中国这么大的国家里，人才济济，才华出众者比比皆是。如果因为自己出了几本书，写了几篇文章，就自认为自己很了不起，那他简直是个'二百五'。我从来不认为自己是什么名人，我只是在做自己喜欢做的事情罢了。"

鲁迅在《且介亭杂文》一书的序言中这样写道："我只是深夜的街头摆着的一个地摊，所有无非几个小钉、几个碗碟，但也希望，并且相信有些人会从中找出合于他的有用的东西。"

还有许许多多功成名就的人都具备了这种谦虚的美德。当面对这样的人，我们会受到怎样的感染呢？

用谦虚、谨慎的态度学习会收获更多。因为谦虚的人往往能得到别人的信赖。对你会有极大的帮助，会让你学到更多的东西。谦虚谨慎是一种美德，更是每一个人走好人生之旅必备的生活态度。只有谦虚，才会不断进步，才会善采人之长而补己之短，才会奋发向上努力进取，也才会达到事业的成功。

3. 社会是一所大学校

学习任何一门知识都是为了使用，只有在实践中才能真正地领悟其中的道理。所以，我们在学习的过程中，必须尽快与实践结合起来，这样才能学到更多的知识，才能使学到的东西真正有用。

明代的大医学家、药物学家李时珍很小就爱上了医务和药学。他读了《本草经》等许多医药典籍。在阅读时，总是那样刻苦认真。天刚蒙蒙亮就起床，夹着几本书，到房门外埋头苦读，白天帮着父亲给病人治病，晚上又苦读到深夜。

有一次，李时珍问他父亲："书上说，白花蛇肚皮下面有二十四块斜方形的花纹，是真的吗?"

他父亲回答道："我们蕲州有的是白花蛇。你到凤凰山抓一条看看，不就知道了吗?"

他父亲李月池是个具有丰富实践经验的医生。儿子的问话他本来张口就可以直接回答，但为了养成儿子躬身实践的习惯，并没有直接告诉他。

李时珍觉得父亲的话很有道理。于是就一个人爬到凤凰山上，捉到了一条白花蛇，翻过来一看，肚皮下面果然有二十四块斜方形花纹。从这件事上，李时珍受到很大启发。后来在编写《本草纲目》时，他一方面继续"博览群书"，一方面"拜访四方"，不仅民间医生、药农是他拜访的对象，就连老农、渔夫、樵夫、猎人，都成了他的好老师。凡能亲自验证的，他总是自己采标本，反复研究，与书本上的知识一一验证，然后得出结论，写进他的书稿里。

为了获得真知，他踏遍了湖广一带的原野山谷，还到过江西的庐山和江苏的茅山、牛首山，以及安徽、河南、河北等许多盛产药材的地方。经过实地的调查研究，从书本上看到的正确的结论，他记得更加牢固了；书本上论述不完整的地方，在他的新著中论述得更加准确了；书本上错误的东西，在他的新著中都得到了纠正。例如在旧的医药典中，把葳蕤和女萎这两种不同的植物当成了一个东西；而像南星草和虎掌，本来是一种植物，却又当作两种药物来介绍。诸如此类的错误，经过李时珍的实地考察，发现和纠正了不少。

李时珍的《本草纲目》，为什么至今被我们视为最珍贵的医学遗产，并被翻译成为日文、英文、德文、法文、俄文等许多译本，受到世界医学界的重视？就是因为，李时珍不仅刻苦地阅读了八百多种医药书籍，有了极为渊博的药物知识基础；更可贵的是，在他的著述中，绝不人云亦云，而是努力深入实际，从而将获得的真知写了进去。

由此可见，一个人要想在事业上有非凡的成就，不在实践中学习，是不可能的。

一个人所学的知识，归根结底是要应用于实践，否则的话，一切都是空谈。在越来越重视实际能力的今天，很多时候别人不是看你知道的有多少，而是看你能做好的事情有多少。所以，在掌握知识的同时，我们应该学会在实践中应用知识，只有学会驾驭知识，我们才能真正成为知识的主人。

第二章　选择决定成败

——人生的层次在正确的选择中得以提升

在我们每个人的人生旅途上都会面临着许多的选择，如升学、就业、择偶、婚姻等等。选择得好，你的人生就会顺风顺水，驶入幸福的快车道。反之，你就会走入人生的低谷，饱尝失败、挫折等痛苦的折磨。由此，选择的重要性可见一斑。因此，在人生的各种重大选择面前，你一定要慎之又慎，力求使自己做出正确的选择。因为做出什么样的选择，将决定你一生的成败。

一、正确的选择是成功的定位

1. 为自己选择一个好的方向

选择就是给自己定位；选择就是给自己寻找前进的方向；选择就是自己掌握自己的命运；选择就是为自己的生命重新注入激情；因此，选择就是第一推动力。只有选择，人生才有方向；只有选择，才会踏平人生的坎坷成坦途；只有选择，才能让你的人生更加丰富而绚丽多彩。

定位决定人生，人生也会因定位而改变。只有顺应社会潮流、人生目标等综合因素做出选择才是正确的。

每个人都有属于自己的位置，但要想找到适合自己的位置，就不那么简单。只有找到自己的长处，给人生一个准确的定位，才能取得真正的成功。如果没有给自己确定一个准确的位置，你就可能会失败。

很多成功人士的成功，首先得益于他们根据自己的特长来进行定位。如果不充分了解自己的长处，只凭自己一时的兴趣和想法，那么定位就很不准确，有很大的盲目性。

歌德一度没能充分了解自己的长处，树立了当画家的错误志向，害得他浪费了十多年的光阴，为此他非常后悔。

查理·卓别林刚刚拍电影的时候，导演让他模仿德国当时一位著名的喜剧演员。可他表演时一度找不到感觉，因此，没有出色的表现，直到找到了属于他自己的戏路，才成为举世闻名的喜剧大师。

美国女影星霍利·亨特一度竭力避免被定位为短小精悍的女人，结果走了一段弯路。后来幸亏经纪人的引导，她重新根据自己身材娇小、个性鲜明、演技极富弹性的特点进行了正确的定位，出演《钢琴课》等影片，一举夺得戛纳电影节的“金棕榈”奖和奥斯卡大奖。

遗传学家说：人的正常的、中等的智力由1对基因决定，另外还有5对次要的修饰基因，它们决定着人的特殊天赋，起着降低智力或提高智力的作用。不管怎么说，人的这5对次要基因总有一两对是“好”的，一般人总有可能在某些特定的方面具有良好的天赋与素质。既然如此，我们每个人都应该努力根据自己的特长来设计自己，量力而行。根据自己的才能、素质、兴趣，环境、条件等，确定主攻方向。不要埋怨环境与条件，应努力寻找有利条件。

胡适之所以能成为文学和哲学大家，这里面也有一段“故事”。胡适考取官费留学后，他的哥哥为他出国送行时说：“贤弟，家道中落，你出国要学些有用之学，帮助复兴家业，重整门楣。你去学开矿或造铁路吧，这些学科比较容易找到工作。千万不要学与此没有用的文学、哲学之类没饭吃的东西。”当时胡适回答哥哥：“好的。”开船后，胡适在船上想，自己对开矿没兴趣，对造铁路更是一窍不通，干脆采取一个折中的办法，学有用的农学吧，也许这将来对国家社会有些贡献。于是他学了一年农学。虽然每门课成绩还不错，但他对这些还是没有兴趣，决定转系重新选课。这时他又犯难了，选课用什么做标准？听哥哥的话？看国家的需要？还是凭自己的爱好？最后他还是根据自己的兴趣选择了文学和哲学。

胡适终于成为文学和哲学大家。若当初他违心地听了哥哥的话，选择了容易找到工作的开矿和造铁路专业，也许将终生默默无闻。

胡适认为，学生选择科系时只有两个标准，一个是“我”，一个是“社会”，看看社会需要什么？国家需要什么？中国现代需要什么？但这个标准——社会上三百六十行，从诺贝尔奖得奖人到修理马桶的，社会都需要，所以社会的标准并不重要。因此，在给人生定位的时候，便要根据自己的特长来确定。

胡适还打了一个比方：譬如一个有写诗天才的人，不进中文系学写诗，而偏要去医院学外科，那么文学界便失去了一个一流的诗人，而医疗界却添了一个不入流的庸医，这是国家的损失，也是他自己的损失。这真是一个妙喻。

俗话说："取乎上，得其中；取乎中，得其下。"显然，我们在给自己定位时，要根据自己的能力来定，不能定得太高，也不能定得太低。把自己的位置定得太高，你可能就会感到力不从心，把自己的位置定得太低，你可能就难以获得更大的成功。

一个为自己找到准确定位的人，一定能实现自我价值。他们对于自己的事业有着强烈的认同感与归属感，非常热爱自己的工作，工作已经成为他们生命中不可缺少的一部分。他们在工作中，看重的不是结果如何，过程本身就带给他们无以伦比的快乐，这是更高的满足。

在阅读本书以后，希望你能冷静地思考，真正找到属于自己的位置。那样你才能真正找到自我，你的人生也才会更有意义、更精彩。

2. 幸与不幸，孰能知晓

当今社会变化可说是无处不在的，正如凯夏文·奈尔所讲的："变化是无法抗拒或回避的。变化是创新的原动力，它能赐予你展示自身创造力的绝佳良机。"

当今社会快节奏的生活要求一个人必须具备勇气、创造力和富于远见的洞察力，才能应付明天可能发生的种种状况。

如果你想过一种自己渴望的生活，那么，你首先必须确定好自己的人生方向，选定一条切实可行的道路。利用身边一切有效的资源，为自己的未来打好基础，而不是依赖别人来规划自己的人生。

你必须不断发展自身各方面的才能，确立新的目标，这样才能适应这个日新月异的世界。在未来的岁月里，生活也许会变得更加难以预测和更加难以把握，所以，你需要娴熟掌握各种生活的技巧，这样，你才能灵活应变，游刃有余。

慎重地选择你的目标和任务，为创造自己理想当中的美好未来做好充分的准备，这样，你就一定能够拥有成功的人生。你将学会并拥有新的技能，积聚新的力量，在生活中找到前所未有的快乐。而这一切，只有通过自己的身体力行才能最终实现。

你应该做到未雨绸缪，为自己生活中可能会发生的各种变化制定一个大致的计划，这只需要你花费很少的精力。尽力去洞察和预见未来可能发生的各种情况，不要被过去一些失败的经历束缚自己的手脚，过去已成为历史，那只不过是你成长和学习的历程。你应该以全部精力来关注眼前，立足现在，展望和规划未来。

当今的生活看起来似乎比过去更加变化无常、难以捉摸。人们常常觉得要面对更多复杂的状况，就不得不忍受由此不断产生的压力、无助和不确定感。许多人对未来都感到恐惧。然而，宇宙间万物恒变，这也是人生的真谛。

要想生活过得有的放矢，张弛有度，人们必须改变对自身和世界的一些过时的观念和看法，试着重新去感悟，在不断调整和改进原有目标的基础上，为自己选择新的人生目标。你必须不断地用勇气、坚韧的灵活性以及丰富多样的知识来不断充实和武装自己，尤其需要重新肯定自我。你应该消除自己的恐惧心理和优柔寡断，不再畏手畏脚，而是满怀自信，积极乐观。

世界在不断变化，变化如同轰隆飞转的车轮，将一如既往地运转下去，旧有的规则，当然无法适用于新的变化。从现在到将来，都迫切需要人们掌握新技能、新知识以及对世界全新的认识。

无论依照哪一种标准，美国人的生活质量在全世界都是最高的。然而不幸的是，许多美国人仍然从未曾体验过真正的快乐和成功。你应该意识到变化往往会带来成功和幸福的机遇，你应该学会选择并善用这些机会。丰富多彩的生活总是以循环往复的方式给人们带来变化，这种变化是一种自我更新、不断向更高的水平发展的过程。每一轮的变化之后都紧接着由变化所带来的革新和转换。

每当你开始面对新的生活时，你一定会觉得精力充沛，兴奋异常，并且充满好奇和激动的期待。然而当变化对你已经没有新鲜感时，你往往会被搞得兴趣全无、疲惫不堪，对这样的循环和变化丧失了兴趣，甚至显得厌烦。在这种时候，你必须调整状态，制定新目标，将自己转换到新的循环中去。

一旦你接受了人生其实是一个不断变化的过程这个事实以后，你就能坦然平和地面对人生的变数，并被激发起高昂的斗志，而不再惧怕变化。你应该成为自己生活的主人，沉着稳定地选准时机，迎接生活的每一轮变化。

人生的循环之旅是从人们渴望探索未知那一刻开始的。当你渴望某种重要的东西能够在你的生活中得以实现的时候，新一轮变化就开始了。当你的激情消退，变化也就随之告终。

学会在变化中成长，不要害怕新的变化给你带来的变革和挑战。恪守你的价值观，做自己命运的主人，追寻那些能够改善你和他人生活的梦想。

当你经历变化的时候，你同时也正在“发现”和“成长”。你要把握住生活的潮起潮落，为己所用，在生活之流的一点一滴中找到生命的意义。人生无常，充满了不确定性，因此你要学会在这种不确定性中努力适应，茁壮成长，从所有的生活经历中发现意义，树立目标。

经历生活中的变化能使你觉醒，使你更加成熟，使你更加自信，豁然发现新的愿望和目标以及更多新奇的可能性。你将重获并享受做梦的自由，学会主宰自己的人生，探索神奇的未知领域。

当你临近一个变化周期的结束时，你可能会更加理解变化的必要性。此时面对生活，你往往显得倦怠不堪，情绪低落，失去火热的激情，被无边的沮丧所笼罩。你的人生目标也开始褪去当初的意义，显得黯淡无光。你不再乐观积极，生活变得循规蹈矩，按部就班，死气沉沉。你甚至可能会感到彷徨无助。你的生活缺乏刺激，梦想之花凋谢枯萎，你感到自己被束缚在令人窒息的圈套里。

当你陷入生活的这种窘境时，你有两个选择：一是保持现状，固步自封，继续你那闷闷不乐的生活；二是尝试变化，换一种新的活法，去发现新的事物，富于建设性地将生活转换成自己喜欢的形式，开始进入下一轮的新生活。开始新一轮的生活意味着你将要去发现和经历生命中可能从未体验过的狂喜或悲伤，激励或希冀。做一个天马行空的梦想家，探索未知事物，用你的创造力和不可思议的想象力去缔造一个崭新神奇的未来之梦。

在经历了生活的种种变化之后，你将获得在人生的航行中成功地闯过各种暗礁险滩所必需的丰富知识和经验，这些经验最终将使你能够战胜一切困难，实现自己的愿望。你将能消除一切心理障碍，发展出获得成功所必备的各种特质。你将学到适应未来生活所需的新的观念和态度、技巧和才能。你将努力奋争达成你的人生愿望，并学会坦然接受生活降临到你身上的一切。

3. 选择是一生要做的试卷

人生处处面临着选择，从某种程度上来说，人生的过程其实就是一系列的选择。当然，既然是选择，就有对有错，有获得也有失去。总的来说，好的选择往往能给人以无穷的人生动力，而错误的选择，则会造成后患无穷的结局。

有3个人要被关进监狱3年，监狱长满足他们3人一人一个要求。美国人爱抽雪茄，要了3箱雪茄。法国人最浪漫，要一个美丽的女子相伴。而犹太人说，他要一部与外界沟通的电话。3年过后，第一个冲出来的是美国人，嘴里鼻孔里塞满了雪茄，大喊道："给我火，给我火!"原来他忘了要火了。接着出来的是法国人，只见他手里抱着一个小孩子，美丽女子手里牵着一个小孩子，肚子里还怀着第3个。最后出来的是犹太人，他紧紧握住监狱长的手说："这3年来我每天与外界联系，我的生意不但没有停顿，反而增长了2%，为了表示感谢，我送你一辆劳斯莱斯!"

这个故事告诉我们，什么样的选择决定什么样的生活。今天的生活是由三年前我们的选择决定的，而今天我们的选择将决定我们今后的生活。我们要选择接触最新的信息，了解最新的趋势，从而更好地创造自己的未来。要知道，我们的人生只有三天，昨天、今天、明天。你的今天是你的昨天所决定的，你的明天将由你的今天来决定。

昨天的日子，我们过得太平淡无奇了。我们和95%以上的人一样，过着平平淡淡的、没有追求的生活。因为太平淡了，心态一直是消极的，失败的。大部分人只要有一只饭碗在手里，哪怕是一只破碗、泥碗，哪怕碗里只有一口粥、一口汤，我们都舍不得、也没有勇气把它扔掉。因为我们习惯于在熟悉的环境里过日子。人在习惯中死亡，在不习惯中生存！

我们每个人的生活圈子是个小世界，在我们生活的小圈子里，你总会发现，为什么有些人不管大事小事，他们总是比较容易获得成功。他们挣更多的钱，过高品质的生活，有健康的身体和良好的人际关系。而更多的人忙忙碌碌，却只能维持生计。他们的差别究竟在哪里呢？

不是智力上的差别，人在智力上是有差别，但是差别很小，智力超常和智力低下的都占极少数，不到3%。不是学历上的差别，学历只是对书本知识的一种认可，与成功没有直接关系。情况往往是，书本知识学得越好的人，越喜欢给别人打工。学校的老师和教授们，不能教给你当老板的方法，不能教你做百万富翁。如果他们能教你做百万富翁，那么他们自己早就是百万富翁、千万富翁了。就像一个打工的人，永远也没有资格去教一个百万富翁应该如何去挣钱，因为他没有这种经历和经验。

生活对富人来说才是生活，对穷人来说只是生存。有什么样的选择就会得到什么样的结果。有选择就有改变。每个人都有自己的优点和缺点，长处和短处。只有经过不断的学习和改变，才能使自己变成一个出色的、专业的人员。改变从自身开始，不要试图改变别人，在改变的过程中，我们第一个要战胜的就是我们自己。改掉坏习惯，养成好习惯，这是一个至关重要的问题。

你想获得成功，你想拥有财富，你想和别人不一样，最重要的是什么？那就是要改变你努力的方向，你和别人干一样的工作、做一样的事情，是不可能超越别人的，你必须有与众不同的思想。

在你的人生中，因为没有做出正确的选择，你曾经错失过多少获得成功的机会。如果你可以洞悉未来，你愿意付出什么代价？如果你能够预见未来，你又能否把握机会？有什么股票你应该卖却没有卖？有什么商品你应该买却没有买？有什么机会你应该把握而又错失？你一生中又能遇到多少机会呢？这个时代可能是你最后的机会，你要格外留神。

每10年就会有一些重大的商机随着时代的变迁而应运而生。80年代下海，90年代炒股票，在80年代、90年代把握机会的，现在都已成为百万富翁了。在未来几年中，也一定会出现这样的机会！你一定要留心你的选择。

二、能做事不如会做事，正确的选择更重要

1. 运筹帷幄，目标是决策

目标是人们做事的一个灯塔，我们所有的精力与力气都是为它储备的。目标的大小直接决定着成功的大小。正如拿破仑所说："我成功，因为我志在成功。"

人生有许多的困惑，最大的原因就是大家每天都稀里糊涂，一点不晓得生命中真正对他们有意义、有价值的东西是什么，无怪乎他们在得到所追求的东西之后内心依然空虚，叹道："难道人生就是如此?"

许多人之所以在生活中走偏了路，归根结底是没有弄清楚目标的正确含义，常常耗费心力于那些并非真正想要实现的目标上，因此才会遭受那么多的痛苦。

我们会有什么样的成就，会成为什么样的人，就在于先做什么样的梦。先有梦，才会有成就，才会发挥潜能。

有个出生于旧金山贫民区的小男孩从小因为营养不良而患有软骨症，在6岁时双腿变形成弓字形，而小腿更是严重萎缩。然而在他幼小心灵中一直藏着一个没有人相信会实现的梦——除了他自己，这个梦就是有一天他要成为美式橄榄球的全能球员。他是传奇人物吉姆·布朗的球迷，每当吉姆所属的克里夫兰布朗斯队和旧金山西九人队在旧金山比

赛时，这个男孩便不顾双腿的不便，一跛一跛地到球场去为心中的偶像加油。由于他穷得买不起票，所以只有等到全场比赛快结束时，从工作人员打开的大门溜进去，欣赏剩下的最后几分钟比赛。

13岁时，有一次他在布朗斯队和西九人队比赛之后，在一家冰淇淋店里终于有机会和他心目中的偶像面对面接触了，那是他多年来所期望的一刻。他大大方方地走到这位大明星的跟前，朗声说道："布朗先生，我是你最忠实的球迷!"吉姆·布朗和气地向他说了声谢谢。这个小男孩接着又说道："布朗先生，你晓得一件事吗?"吉姆转过头来问道："小朋友，请问是什么事呢?"男孩一副自豪的神态说道："我记得你所创下的每一项纪录，每一次的达阵。"吉姆·布朗十分开心地笑了，然后说道："真不简单。"这时小男孩挺了挺胸膛，眼睛闪烁着光芒，充满自信地说道："布朗先生，有一天我要打破你所创下的每一项纪录。"

听完小男孩的话，这位美式橄榄球明星微笑地对他说道："好大的口气，孩子，你叫什么名字?"小男孩得意地笑了，说："奥伦索，先生，我的名字叫奥伦索·辛普森，大家都管我叫O. J.。"

奥伦索·辛普森日后的确如他少年时所言，在美式橄榄球场上打破了吉姆·布朗所写下的所有纪录，同时更创下一些新的纪录。为何目标能激发出令人难以置信的潜力，改写一个人的命运?又何以目标能够使一个行走不便的人成为传奇人物?各位朋友，要想把看不见的梦想变成看得见的事实，首要做的事便是制定目标，这是人生中一切成功的基础。目标会引导你的一切想法，而你的想法便决定了你的人生。

设定目标有一个重要的原则，那就是它要有足够的难度，乍看之下似乎不容易实现，可是它又要对你有足够的吸引力，愿意全心全力去完成。当我们有了这个令人心动的目标，若再加上必然能够达成的信念，那么就可说是成功了一半。

一切目标的制定，除了计划之外还需要行动，制定的过程跟你用眼睛看东西的过程有很多雷同之处。当你的目光越是接近要看的目标，就越会注意地看，不仅是目标本身，且包括它周围的其他东西。

目标可以吸引我们的注意，引导我们努力的方向，至于最后是成功或是失败，就全看我们是否能始终走在正确的路线上了。

成功者和失败者之间最大的区别就在于是否能够明确目标。目标直接决定着你成功与否，并为你的人生赋予了许多重大的意义。

一个人做事没有明确的目标，就会让人感觉很茫然，也缺少前进的动力。明确的目标是成功的开始，而一个积极向上的目标会使你变得强大有力，会使你胸怀远大的抱负；积极的目标在你失败时会赋予你再去尝试的勇气，会使你不断向前奋进；积极的目标会给你前进的动力，使你避免倒退，不再为过去担忧；积极的目标会拉近理想中的“我”与现实中的“我”的距离。帮助你迈向成功！

2. 最重要的是学会选择

在人的一生当中，真正成功者总是少数，那么大部分的失败者都是不努力或者努力不够吗？结果未必如此。有很多在职业发展上并不顺利的人其实非常努力，反而一些并不太努力的人，事业却是一帆风顺，呈现出蒸蒸日上的趋势。为什么会出现这种情况呢？究其原因，都是选择惹的祸。

一个人一生当中最大的幸福在于正确地选择了两件事，一是找对单位、找对老板、找对上司；第二件事就是找对妻子或丈夫。为什么这么说呢？当太阳升起时我们与上司共事，当日落西下时我们与自己的爱人相拥。

正确的选择是如此重要，然而你会发现，现实生活当中很多人面临选择的时候竟然会非常草率。一个人花在影响自己未来命运的工作选择上的精力，竟比花在购买衣服上的心思要少得多，这是一件多么不可思议的事情，尤其是当他的未来幸福和富足全部依赖于这份工作时。几乎没有人会认为自己是错误的——没有人会故意做出一个不利于自己的决定。他们之所以选错，往往是由于不懂得如何选择。很多人认为自己无法了解自己到底适合做什么工作，只好换来换去，希望能在过程中找到自己的兴趣所在，但许多年过去了，仍然很迷惑。所以，我们要认真选择，否则，你根本不知道这个世界上哪片土地适合你生长，什么样的环境适合你发展。和企业发展是一个道理，方向比速度更重要，在没有选择对明确的方向以前，单纯的谈速度是没有太大意义的，甚至有时等待优于行动。没有明确选择的行动，就是我们平时所说的瞎折腾，瞎折腾的结果就是无序导致无效。

在这个世界上，通向成功的道路何止千万条，但你要记住：所有的道路，不是别人给的，而是你自己选择的结果。你有什么样的选择，也就有了什么样的人生。你有什么样的职业选择，你就拥有什么样的职业生涯。你今天的现状是你几年前选择的结果，你今天的选择决定你几年后的职业状况。

那么，究竟如何来做选择？选择的依据是什么？选择要考虑的要点又有哪些呢？

总的来说，选择的最深层次的依据是你的价值观，选择的表面依据是你的职业目标，当然，对于没有目标的人选择的依据就是他个人所理解的利益。主动选择要考虑的要点主要包括地域、行业、企业和职业。或者说，一个非常清晰的职业目标应该描述为多少年后我希望在某地（北京/上海/纽约/老家的县城）某个行业（房地产/物流/教育培训等等）某个企业（500强/民企/国企/政府等等）的一个从事某职业（人力资源/财务/金融/管理等等高/中/低层）的人士。

从实际的例子来看，我们的人生价值观决定了我们的生活态度，从而决定了我们的职业取向，并导致了我们做出各种职业选择，这种职业选择决定了我们的职业状况，从而也决定了我们的生活方式，这种生活方式又最后决定了我们的人生幸福感。

价值观的这个环节是我们大多数人很容易忽略的，虽然它在事实上左右着我们的决定，并进而决定我们的人生（包括职业）。一个人要想成为职场的顶尖人物，他就必须清楚知道自己的价值观，同时，确实按照这个价值观来塑造自己的人生。在职业上有着良好发展的人士都是因为他们秉持他们的价值观念，而一些不太顺利的人士大多思想混乱，要么是秉持错误的价值观念，要么是根本没有，随着社会大众的舆论摇摆不定。

从企业选人的角度也能够很好地揭示价值观的重要性。为什么麦肯锡的咨询顾问，很多并不是出身于管理专业？为什么一些学业上并不突出的同学能够在竞争激烈的应聘中胜过那些学习成绩突出的人？为什么外企在招聘 trainer 的面试中总是会有“你最大的成就是什么”、“你最大的优缺点是什么”等等看似非常普通的问题？其实都和价值观有着非常密切的关系。因为，一个人在职业上的价值观念和他能取得的成就是息息相关的，与此相比，一时的学习成绩反倒成了末节。

从价值观的角度来说，职业发展成功还是失败的判别标准，就是你是否得到了你想要的生活，你的职业所带来的生活方式是否符合你的价值观。如果符合，你就会感觉很快乐，哪怕收入会相对低一些；如果不符合，你会感到很痛苦，哪怕你拿着看起来很高的年薪。有许多人盲目地羡慕别人拿高薪，其实这些人不知道，拿高薪的人为此会付出多大的代价，他们会失去很多，比如天伦之乐和某种程度的身体健康，但他们得到了成就感。所以，在职业发展上，我们没有必要去羡慕别人，因为，当你得到的时候也就意味着失去，反之亦然。你可能得到的是高薪，但失去的是时间；你可能不能成为一个好领导，但会成为一个本岗位出类拔萃的人才。关键是你得到的正好是你想要的，而你失去的你并不介意，真正的职业追求是圆满和平衡。

职业发展不能用挣钱的多与少来判断，那不应该成为我们职业上的目标。真正成功的职业人士，即使在他们职业生涯的早期，也没有单纯地考虑金钱，而是更多地追求自己的梦想，按照自己的价值观去发展，应该说，这样的人反而会成功，金钱是职业发展所带来的副产品。当你按照自己的梦想去追求而后成功，所有美好的东西都会朝你拥来，包括金钱。

综上所述：一个人在选择自己的职业时，应该更多地从自己的兴趣、特长方面入手，而不应过多地考虑金钱、利益等。做出这样的选择无疑是很明智的，不仅有利于你职业生涯的长久发展，也更容易取得巨大的成就。

3. 确定目标才去勇往直前

生活当中的每个人都有梦想，人类因梦想而对未来充满了憧憬。没有梦想的人终究是要被这个时代所淘汰的。为了实现自己的梦想，很多人都在默默地努力，但努力就一定能让自己如愿以偿吗？只要努力就一定会有一个好结果吗？

21 世纪的今天是信息的时代，要想成为社会上的强者，只能做出一种选择，就是努力一定要放在选择之后。就像我们下面这个故事里的人一样。

有一个人，从魏国到楚国去。他带上很多的盘缠，雇了上好的车，驾上骏马，请了驾车技术精湛的车夫，就上路了。楚国在魏国的南面，可这个人不问青红皂白让驾车人赶着马车一直向北走去。

路上有人问他的车是要往哪儿去，他大声回答说：“去楚国！”路人告诉他说："到楚国去应往南方走，你这是在往北走，方向不对。"那人满不在乎地说："没关系，我的马快着呢!"路人替他着急，拉住他的马，阻止他说："方向错了，你的马再快，也到不了楚国呀!"那人依然毫不醒悟地说："不打紧，我带的路费多着呢!"路人极力劝阻他说："虽说你路费多，可是你走的不是那个方向，你路费多也只能白花呀!"那个一心只想着要到楚国去的人有些不耐烦地说："这有什么难的，我的车夫赶车的本领高着呢!"路人无奈，只好眼睁睁看着那个盲目上路的人走了。

那个魏国人，不听别人的指点劝告，仗着自己的马快、钱多、车夫好等优越条件，朝着相反方向一意孤行。那么，他条件越好，他就只会离要去的地方越远，因为他的大方向错了。

这个寓言告诉我们，无论做什么事，都要首先看准方向，才能充分发挥自己的有利条件；如果方向错了，有利条件就只会起到相反的作用。

所以，在你开始努力之前，请一定要认真地思考，你的方向是否正确？

我们来看一个故事：有两个和尚，一个和尚每天提水，而另一个和尚不一样，他一边提水，一边挖井。他自己说："这五年来，我每天做完功课后都会抽空挖这口井，即使有时很忙，能挖多少就算多少。如今终于让我挖出井水，我就不必再下山提水，我可以有更多时间做我喜欢做的事。"

大家想一想，那个不挖井的和尚未来会有什么事情发生？那就是如果有一天，他老了，或者生病了，没有力气下山提水了，那他还有没有水喝呢？当然是没有水喝！没有水喝会发生什么事情呢？各位想一想，没有水喝和等死有什么区别呢？所以，这个和尚如果不在他有力气的时候去挖一口井的话，那么，他未来的日子就只有一种结果，那就是等死！

而那位挖了井的和尚呢？他会不会有这样的顾虑？当然没有，因为，他的井会每天源源不断地提供充足的水，不论是白天，是黑夜，不管他需不需要水喝。

问问你自己，你现在的身份是哪一个和尚呢？你是在每天提水到老了等死呢？还是挖了一口自己的井，可以随心所欲地过自己的理想生活？

在工作领域，即使薪水拿得再多，那也只是挑水；可别忘记把握利用下班后的时间不断挖一口属于自己的井，培养自己另一方面的实力。我们既要提高自己的生存质量，又要让自己有更大的发展。昨天的努力就是今天的收获，今天的努力就是未来的希望，多年前不分伯仲的同窗好友，如今的境遇不可能相同。岁月不饶人，当年龄大了，提不动水时，你还会有水喝吗？别忘了现在就行动！你今天的选择决定了你未来的生活。

古人说："差之毫厘，谬以千里。"开始的路一定要选对。

一个人要想走向成功，离不开积极的努力。但有一个前提，就是一定要做出一个正确的选择。选择对了，会为以后的生活打下一个良好的基础，你的未来之路就会很平坦；反之，选择错误，会让你做很多无用之功，浪费很多宝贵的时间，结果是得不偿失的。

三、权衡利弊，舍小取大

1. 看待事物需有眼光

现代社会是商品社会，强调利益本无可厚非，但如果做事总是过分强调眼前利益，而不能辩证地看待事物，其结果就会失去永远的利益。

古时，一位姓塞的老翁，不小心丢了一匹马，邻居们都认为是件坏事，替他惋惜，塞翁却说："你们怎么知道这不是件好事呢?"众人听了之后大笑，认为塞翁丢马后急疯了。几天以后，塞翁丢的马又自己跑了回来，而且还带回来一群马。邻居们见了都非常羡慕，纷纷前来祝贺这件从天而降的大好事。塞翁却板着脸说："你们怎么知道这不是件坏事呢?"大家听了又哈哈大笑，都认为老翁是被好事乐疯了，连好事坏事都分不出来。果然不出所料，过了几天，塞翁的儿子骑新来的马去玩，一不小心把腿摔断了。众人都劝塞翁不要太难过，塞翁却笑着说："你们怎么知道这不是件好事呢?"邻居们都糊涂了，不知塞翁是什么意思。事过不久，发生战争，所有身体好的年轻人都被拉去当了兵，派到最危险的第一线去打仗，而塞翁的儿子因为腿摔断了未被征用，在家乡大后方过着安定幸福的生活。

这就是老子的《道德经》所宣扬的一种辩证思想。基于这种辩证关系，我们可以明白，即使是看起来很吃亏的事，也会带来意想不到的好处。生活中此类事常见，因此人一定要把眼光放远，懂得该忍就忍，有时看似吃亏的事反而是获得更大利益的前提和资本。

美国亨利食品加工工业公司总经理亨利·霍金士先生突然从化验室的报告单上发现，他们生产食品的配方中，起保鲜作用的添加剂有毒，虽然毒性不大，但长期服用对身体有害。但如果不用添加剂，又会影响食品的鲜度。

亨利·霍金士考虑了一下，他认为对顾客应以诚相待，毅然向社会宣布，防腐剂有毒，对身体有害。让每位顾客都了解事情的真相。

这一下，霍金士面对了很大的压力，食品销路锐减不说，所有从事食品加工的老板都联合了起来，用一切手段向他反击，指责他别有用心，打击别人，抬高自己，他们一起抵制亨利公司的产品。亨利公司一下子跌到了濒临倒闭的边缘。

苦苦挣扎了4年之后，亨利·霍金士已经倾家荡产，但他的名声却家喻户晓，这时候，政府站出来支持霍金士。亨利公司终于起死回生了，公司的产品又成了人们放心满意的热门货。

亨利公司在很短时间里便恢复了元气，规模扩大了两倍。亨利·霍金士一举登上了美国食品加工业的头把交椅。

生活中的聪明人善于从吃亏当中学到智慧。“吃亏是福”也是一种哲理，其前提有两个，一个是“知足”，另一个就是“安分”。“知足”则会对一切都感到满意，对所得到的一切充满感激之情；“安分”则使人从来不奢望那些根本就是不可能得到的或者根本就不存在的东西。没有妄想，也就不会有邪念。表面上看来，“吃亏是福”以及“知足”、“安分”会有不思进取之嫌，但是，这些思想确实能够教导人们成为对自己有清醒认识的人。

人非圣贤，谁都无法抛开七情六欲，但是，要成就大业，在选择面前就得分清轻重缓急，该舍的就得忍痛割爱，该忍的就得从长计议。我国历史上刘邦与项羽在称雄争霸、建立功业上就表现出了不同的态度，最终也得到了不同的结果。苏东坡在评判楚汉之争时就说，项羽之所以会败，就因为他不能忍，不愿意吃亏，白白浪费自己百战百胜的勇猛；

汉高祖刘邦之所以能胜就在于他能忍，懂得吃亏，养精蓄锐，等待时机，直攻项羽弊端，最后夺取胜利。

两王平日的为人处世之不同自不待说，楚汉战争中，刘邦的实力远不如项羽，当项羽听说刘邦已先入关时，怒火冲天，决心要将刘邦的兵力消灭掉。当时项羽 40 万兵马驻扎在鸿门，刘邦 10 万兵马驻扎在灞上，双方只隔 40 里，兵力悬殊，刘邦危在旦夕。在这种情况下，刘邦先是请张良陪同去见项羽的叔叔项伯，再三表示自己没有反对项羽的意思，并与之结成儿女亲家，请项伯在项羽面前说句好话。然后，第二天一早，又带着随从、拿着礼物到鸿门去拜见项羽，低声下气地赔礼道歉，化解了项羽的怨气，缓和了他们之间的关系。表面上看，刘邦忍气吞声，项羽挣足了面子，实际上刘邦以小忍换来自己和军队的安全，赢得了发展和壮大力量的时间。刘邦对不利条件的隐忍，面对暂时失利的坚韧不拔，反映了他对敌斗争的谋略，也体现了他巨大的心理承受能力。

刘邦正是把眼光放远，靠着吃一些眼前亏的技巧，赢得了最后的胜利。有人说刘邦是一忍得天下，相信这种智慧不是有勇无谋的人可以修炼成的。今天，我们不一定会遇到这种你死我活的敌对关系，但无论在怎样的条件下，都要把眼光放远，能够忍让，懂得吃亏，因为“塞翁失马，焉知非福”，舍小是为谋大。

谁都不可能轻而易举地成就一番事业。成功者面临选择时，都能做出正确的决定。善于分清主要与次要、利与弊、大与小的关系。当忍则忍，该抛弃则抛弃。正如刘邦一样终于成就了一生的伟业，我们能做到如此，也一定会让自己的人生再上一个新的台阶。

2. 坚持还是放弃需要有分寸

选择好了人生分寸，就等于掌握了自己的命运。

约在一个半世纪以前，一艘英国商船沉没于马六甲海域，这艘从广州驶出的船上载满了古老中国的丝绸、瓷器及珍宝。

10 年前一位名叫鲍尔的人偶然从资料上获此信息，便下决心打捞这艘沉船，他在深黑的海底摸索了漫长的 8 年，探寻了 70 多平方公里的海域，终于找到了海底的宝物。

耗资是巨大的，工作刚进行了 30 天，就用去了几万元，两位最初的合伙人认定无望而离去。之后没有一个合伙人能坚持得更久，其中有一位鲍尔的好友，几次加入又几次离去，并一次次劝说鲍尔放弃这“疯子”般的念头。

事后鲍尔说他其实一直有放弃的念头，每次精疲力竭地从海底潜回时他都想永远不再干下去了，他甚至怀疑早年的记载有误，而且 8 年来他已耗尽巨资，债台高筑，但他终于坚持到了成功的这一天。

坚持不用多，在人的一生中，有一次坚持到底就算是成功，而放弃一旦开了头就绝不会少，对于曾经认定的事——事业、爱情、友谊，放弃过一次就会一再放弃。

人生当中最难选择的两个字是分寸。

在科学上有一个关于分寸的定论叫黄金分割，德国的科学家称之为神圣分割，就是最具有美学价值的比例，也就是我们人类的视觉感到最舒服的造型。其实在生活当中，黄金律几乎无处不在。旗帜的长宽，人体上下部的长短，窗子的大小，一天当中气温冷暖的比差，甚至阳光的强弱，都有一个科学的定律在发挥作用，这也就是人生的分寸。

做人做到恰如其分，是人生的最高境界。做事做到恰到好处，是每个人追求的目标，也是人生的最大学问。

3. 重要事情，重点对待

做事若没有章法，眉毛胡子一把抓，不能分清轻重缓急，这样绝不会把事物做得有条有理，达到圆满做事的目的。

在处理日常工作和生活的方方面面时，要分清哪个更重要，哪个更紧急。不要以为每个任务都是一样的，只要时间被忙忙碌碌地打发掉，就从心眼里高兴。

在紧急但不重要的事情和重要但不紧急的事情之间，你首先去办哪一个？面对这个问题你或许会很为难。

法国哲学家布莱斯·巴斯卡说："把什么放在第一位，是人们最难懂得的。"对有些人来说，这句话不幸而言中，他们完全不知道怎样把人生的任务和责任按重要性排列。他们以为工作本身就是成绩，其实大谬不然。

不妨举一个例子。我们在学校学习的时候，最缺的是什么？可能有许多人都有同感，我们最缺的就是钱。在这个时期，我们可以认为，对于我们的一生而言，学习对我们是重要的，但却不是最紧急的，而钱对我们是紧急的（我们会举出许多理由，如我们已经长大了，不应该再花父母的钱等等），但却不是最重要的，在这个十字路口，我们选择什么？

对这个问题，不同的人有不同的选择。有的选择弃学从商，有的依然选择在校学习。事实上，懂得生活的人都明白轻重缓急的道理，他们在处理一年或一个月、一天的事情时，懂得分清主次来安排自己的时间。

商业及电脑巨子罗斯·佩罗说："凡是优秀的、值得称道的东西，每时每刻都处在刀刃上，要不断努力才能保持刀刃的锋利。"罗斯认识到，人们确定了事情的重要性之后，不等于事情会自动办得好。你或许要花大力气才能把这些重要的事情做好。而始终要把它们摆在第一位，你肯定要费很大的劲。

在确定每一年或每一天该做什么之前，你必须对自己应该如何利用时间有更全面的看法。要做到这一点，你要问自己四个问题：

（1）为自己确立什么样的目标

我们每一个人来到这个世界上都肩负着一个沉重的责任，按目标前进。尤其对于青年来说，可能再过20年，他们每个人都有可能成为公司的领导、大企业家、大科学家。因此，我们要解决的第一个问题就是，我们要明白自己将来要干什么？只有这样，我们才能持之以恒地朝这个目标不断努力，把一切和自己无关的事情统统抛弃。

（2）我需要做什么

要分清缓急，还应弄清自己需要做什么。总会有些事情是你非做不可的。重要的是你必须分清某件事是否一定要做，或是否一定要由你去做。这两种情况是不同的。非做不可，但并非一定要你亲自做的事情，你可以委派别人去做，自己只负责监督其完成。

（3）什么能给我最高回报

人们应该把时间和精力集中在能给自己最高回报的事情上，即他们会比别人干得出色的事情上。在这方面，让我们用巴莱托定律（80/20）来引导自己。人们应该用80%的时间做能带来最高回报的事情，而用20%的时间做其他事情，这样使用时间是最具有战略眼光的。

（4）什么能给我最大的满足感

有些人认为能带来最高回报的事情就一定能给自己最大的满足感。但并非任何一种情况都是这样。无论你地位如何，你总需要把部分时间用于做能带给你满足感和快乐的事情上。这样你会始终保持热情，因为你的生活是有趣的。

在确定了应该做哪几件事之后，你必须按它们的轻重缓急开始行动。大部分人是根据事情的紧迫感而不是事情的优先程度来安排先后顺序的。这些人的做法是被动的而不是主动的。懂得生活的人会按优先程度开展工作，以下是两点建议：

（1）每天做好一张优先表

伯利恒钢铁公司总裁查理斯·舒瓦普曾会见效率专家艾维·利。会见时，艾维·利说自己的公司能帮助舒瓦普把他的钢铁公司管理得更好。舒瓦普承认他自己懂得如何管理，但事实上公司不尽如人意，他说自己需要的不是更多知识，而是更多的行动。他说："应该做什么我们自己是清楚的。如果你能告诉我们如何更好地执行计划，我听你的，在合理范围之内价钱由你定。"

艾维·利说可以在10分钟内给舒瓦普一样东西，这东西能使他的公司的业绩提高至少50%。然后他递给舒瓦普一张空白纸，说："在这张纸上写下你明天要做的6件最重要的事。"过了一会儿他又说："现在用数字标明每件事情对于你和你的公司的重要性次序。"

这花了大约5分钟。艾维·利接着说："现在把这张纸放进口袋，明天早上第一件事是把纸条拿出来，做第一项。不要看其他的，只看第一项。着手办第一件事，直至完成为止。然后用同样方法对待第二项、第三项……直到你下班为止。如果你只做完第一件事，那不要紧，你总是做着最重要的事情。"

艾维·利又说："每一天都要这样做。你对这种方法的价值深信不疑之后，叫你公司的人也这样干。这个试验你爱做多久就做多久，然后给我寄支票来，你认为值多少就给我多少。"

整个会见历时不到半个钟头。几个星期之后，舒瓦普给艾维·利寄去一张2.5万元的支票，还有一封信。信上说从钱的观点看，那是他一生中最有价值的一课。5年之后，这个当年不为人知的小钢铁厂一跃而成为世界上最大的独立钢铁厂，而其中，艾维·利提出的方法功不可没。

(2) 把事情按先后顺序写下来，定个进度表

把一天的时间安排好，这对于你成就大事是很关键的。这样你可以每时每刻集中精力处理要做的事。但把一周、一个月、一年的时间安排好，也是同样重要的。这样做给你一个整体方向，使你看到自己的宏图，从而有助于你达到目的。

总之，无论做什么事都要有轻重缓急，这对你的一生至关重要。如此做出最恰当的决定、最合理的安排，生命才有意义。

4. 别让选择影响你的一生

在人的一生当中，不管你愿不愿意，总要做出一些选择。很多人的成功或失败，并非他不懂得做事的方法。虽然方法很重要，但决定成败的恰恰就是他的选择。成功是一种选择，因为你选择了奋斗，选择了锲而不舍，你就选择了成功。而失败的人虽然并不想选择失败，但在潜意识里他已经选择了失败。因此，失败是另外一种选择。

人生不过是一连串选择的过程，从你早上起来要穿哪一套衣服出门开始，你就选择；中午要去哪里吃饭，你又在选择。女孩子有众多的追求者，在考虑结婚的时候，到底是哪一位男士比较适合自己，这需要选择；男士找对象时也需要从女孩子中选择。选择有大有小，但每日、每月所有的选择的累积影响了你人生的结果。

一个选择对了，又一个选择对了，不断地做出对的选择，到最后便产生了成功的结果；一个选择错了，又一个选择错了，不断地做出错的

选择，到最后便产生了失败的结果。若想要有一个成功的人生，我们必须降低错误选择的出现几率，减少错误选择的风险。这就必须预先明确你人生中想要的结果是什么，为这个结果而做出所有的选择，明确你人生想要的结果是什么，这本身又是一个选择。

有的人希望工作更顺利、更快乐，但他总是在做他不喜欢的工作，这是他的错误选择，因为他明明可以换工作；有的人希望身体更健康、更强壮，但他总是说他没有时间运动，导致身体虚弱，这是他的选择，因为他明明可以抽出时间来运动；有的人希望家庭更幸福、小孩更听话，但他总是跟太太吵架，导致小孩学业跟不上，这是他的错误选择，因为他明明可以在控制情绪中花时间教育小孩；有的人希望人际关系更好，但他总是说他朋友少，这也是他的选择，因为他可以决定让自己多交一些朋友，但他不去交；有的人希望赚更多的钱，但他总是抱怨收入不够多，他明明可以更努力地去赚更多的钱，但他却不努力，这是他的错误选择。

英国小伙子弗兰克看中了日本姑娘田中慧子，便一直追着不放。最后，慧子辞掉工作，跟弗兰克结了婚，到英国定居了。

“我放弃了那么好的工作，远离父母跟随你到英国来，这可是我为你做出的牺牲呀。”慧子说。她以为这样说能把弗兰克感动。没想到弗兰克这么回答她：“我不认为这是什么牺牲，在我看来这只是你的一种选择。”

慧子后来才认识到，英国人在人际交往中，只会尊重你的选择，而不会承认你的牺牲。这就意味着：你做出的所有决定，都必须符合你自己的心愿，符合自己的心愿才能成为自己的选择。这样与人打交道，才会拥有真正的平等，同时也才能赢得他人的尊重。弗兰克是一位通晓六国语言的医生，在英国很容易赚到钱，他工作一小时就有 80 美元的收入。但是慧子却跟国内的朋友说：“我必须工作，必须学会自己赚钱。如果没有经济上的独立，就不可能做出真正符合心愿的选择，也就不可能赢得他长久的尊重。”最后，慧子做出了自己的选择。

你是否曾经埋怨过别人？但事实上你可能错怪了别人了，是你的决定使你面临今天的结果——也许你自己做决定，也许你决定由别人为你做决定。

有些人做正确的选择与决定，有些人做错误的选择与决定，但大多数人都不知道他们有权选择，或是轻易将选择权拱手让人，而且大部分的人也不喜欢别人为他们做的决定——千万不要成为这样的人。

人生中的任何结果都是自己的选择，人生由许多选择组成。你到底是要成功还是要失败？要快乐还是要悲伤？要富裕还是要贫穷？一旦做出选择，你的人生就会开始改变。

四、敏锐的眼光助你的选择恰到好处

1. 爱好是选择的关键

很多年前，一位名人讲过一句话："你一定要做自己喜欢做的事情，才会有所成就。"

有一位机械师不喜欢自己的工作，想转行，却迟迟下不了决心，因为他已经学了二十几年的机械，如果突然换一份其他工作，会感到很不适应，尽管不喜欢，却无法抛开累积二十多年的机械专业知识。

他想改变，但又甩不掉过去的包袱，自然无法突破。这是个矛盾，既然知道自己再继续做下去也不会有兴趣，就应该果断地做出决定：转行！做自己喜欢的事情毕竟是令人兴奋的，也更容易激发自己的想象力和创造力，并最终取得卓越成就。

要改变自己目前的状况，要让自己更有自信，要让自己做事更有成效，我们就必须做出更好的决定，采取更好的行动。

做你自己喜欢做的事情，其实是很困难的。大多数的人，多半都在做他们讨厌的工作，却又必须逼迫自己把讨厌的事情做到最好。

他们经常失去了动力，时常遇到事业的瓶颈，而没有办法突破。他们不断地征求别人的意见，却还是照着一般的生存方式在进行，凡事没有进展，原地踏步，这些当然不是他们想要的，但是由于种种原因，他们当中却很少有人试着去改变自己的状况。其实，要找到自己真正喜欢的工作，只需要把自己认为理想和完美的工作条件列出来就一目了然了。

有一个男孩，他的父母希望他能成为一个体面的医生。可是男孩读到高中时便迷上了电子计算机，整天摆弄着一台现在看来十分落后的苹果机，经常把计算机的主板拆下又装上，装上又拆下并乐此不疲。

男孩的父母很伤心，告诉他，他应该用功念书，否则根本无法立足社会。可是，男孩说："有朝一日我会开一家公司。"父母根本不相信，还是千方百计按自己的意愿培养男孩，希望他能成为一位医生。

不久，男孩终于按照父母的意愿考入了一所大学的医科，可是他只对电脑感兴趣。在第一学期，他从当时零售商处买来降价处理的个人电脑，在宿舍里改装升级后卖给同学。他组装的电脑性能优良，而且价格便宜。不久，他的电脑不但在学校里走俏，而且连附近的法律事务所和许多小企业也纷纷来购买。

第一个学期快要结束的时候，他告诉父母，他要退学。父母坚决不同意，只允许他利用假期推销电脑，并且承诺，如果一个夏季销售不好，那么，必须放弃电脑。可是，男孩电脑生意就在这个夏季突飞猛进，仅用了一个月的时间，他就完成了 18 万美元的销售额。

他的计划成功了，父母很遗憾地同意他退学。

他组建了自己的公司，打出了自己的品牌。在很短的时间内，他良好的业绩引起了投资家的关注。第二年，公司顺利地发行了股票，他拥有了 1800 万美元的资金，那年他才 23 岁。

10 年后，他创下了类似于比尔·盖茨般的神话，拥有资产达 43 亿美元。他就是美国戴尔公司总裁迈克尔·戴尔。

比尔·盖茨曾经亲自飞赴他的住所向他祝贺，对他说："我们都坚守自己的信念，并且对这一行业富有激情。”

每项奇迹的开始总是始于一种伟大的想法。或许没有人知道今天的一个想法将会走多远；但是，我们不要怀疑，只要沉下心来，努力去做，让心中的杂音寂静，你就会听见它们就在不远处，而且伸手可及。

比尔·盖茨和迈克尔·戴尔是新经济时代富有典型意义的两个财富“神话”。他们的经历很相似，都中途退学，都成为了世界上顶尖的大富豪。也许他们的经历并没有普遍意义，但至少给我们的启迪是：选择你真正喜欢的事业，更容易获得辉煌的成功。

2. 只做自己的选择题

学会选择，不要被他人的诊断束缚了自己前进的步伐。追随你的热情，追随你的心灵，它们将带你到你想要去的地方。

英国剑桥郡的世界第一名女性打击乐独奏家伊芙琳·格兰妮说：“从一开始我就决定：一定不要让其他人的观点阻挡我成为一名音乐家的热情。”

她出生在苏格兰东北部的一个农场，从 8 岁时她就开始学习钢琴。随着年龄的增长，她对音乐的热情与日俱增。但不幸的是，她的听力却在渐渐地下降，医生们断定是由于难以康复的神经损伤造成的，而且断定到 12 岁，她将彻底耳聋。可是，她对音乐的热爱却从未停止过。

她的目标是成为打击乐独奏家，虽然当时并没有这么一类音乐家。为了演奏，她学会了用自己特有的方式来感受其他人演奏的音乐。她不穿鞋，只穿着长袜演奏，这样她就能通过她的身体和想象感觉到每个音符的震动，她几乎用她所有的感官来感受着她的整个声乐世界。

她决心成为一名音乐家，而不是一名聋的音乐家，于是她向伦敦著名的皇家音乐学院提出了申请。

因为以前从来没有一个聋学生提出过申请，所以一些老师反对接收她入学。但是她的演奏征服了所有的老师，她顺利地入了学，并在毕业时荣获了学院的最高荣誉奖。

从那以后，她的目标就致力于成为一位出色的专职的打击乐独奏家，并且为打击乐独奏谱写和改编了很多乐章，因为那时几乎没有专为打击乐而谱写的乐谱。

至今，她已经成为一位出色的专职打击乐独奏家了，因为她很早就下了决心，不会仅仅由于医生诊断她完全变聋而放弃追求，因为医生的诊断并不能阻止她对音乐执著的热爱与追求。

事实证明：伊芙琳·格兰妮的选择是正确的。如果她是个软弱的人，只是听从医生给她下的结论而不与命运去抗争，那样不仅泯灭了她的音乐才华，人类历史上也会少了一个著名的打击乐演奏家，那样岂不是我们人类的巨大损失吗？

3. 谋大事者要有敏锐的眼光

一个人欲成大事，就要有深谋远虑、立足长远的眼光和打算。尤其在商场上，更显得突出，很多人鼠目寸光，抱着投机取巧赚一次是一次的心理，总是把个人利益摆在第一位，这样做无异于杀鸡取卵、焚林而猎，生意是长不了的。李嘉诚之所以能成为一个杰出的商人，体现在做人做生意上。他有着敏锐的眼光，善于从大局出发，不仅善于把生意做大做强，而且其人品也堪称一流，真正体现出了一个杰出商人的良好风范。

在塑胶业界经历了一番风风雨雨的李嘉诚，终于在商海中站稳了脚跟，并赢得“塑胶花大王”的美誉，赚得盆满钵满。

然而，物极必反。早在李嘉诚开发塑胶花之前，他就预见到，塑胶花只是社会快节奏的产物，只能风行一时而已。随着时代的发展，人们将趋向于崇尚自然，而塑胶花无论如何也不能取代有生命的植物花卉。

处于全港塑胶业领先地位的李嘉诚，空闲之余，常会思考这样一个问题：塑胶花的大好年景还会持续多久？什么时间会被别的产品取而代之呢？

虽然长江公司拥有稳固的大客户，同时又是塑胶业的龙头老大，不用发愁市场问题，但如果整个行业在走下坡路，长江的发展前景也必然有限。

此外，越来越多的迹象表明塑胶花的前景已经不容乐观了——香港塑胶厂已是遍地开花，塑胶花简直都快泛滥成灾了。据港府劳工处注册登记的数据，塑胶及玩具业厂家，1960 年为 557 家，1968 年为 1900 家，1972 年则猛增至 3358 家。该行业的从业人员，由 1960 年占全港制造业劳工总数的 8.4%，上升到 1972 年的 13.21%。而且，该行业的厂家，有半数以上是塑胶花专业厂和兼营塑胶花的。

李嘉诚深知，塑胶花业之所以如此兴旺，一方面是由于这种产品本身所具备的某些优点，另一方面是它迎合了人们追求时髦的心理。而且，后者才是其中最为主要的因素。曾几何时，富人穷人，全都以系塑胶裤带为荣，可是后来，塑胶裤带渐渐地再也无人问津了。最终，人们还是觉得真皮裤带好。

塑胶花又何尝不是这样的呢？尽管塑胶花可以变幻无穷，但无论怎么变最终还是塑胶花，绝对无法完全替代充满自然气息的植物花。

李嘉诚从海外杂志上了解到，有的家庭已把塑胶花扫地出门，又重新种上了天然的植物花。在国际塑胶花市场，发达国家的需求量日益减少，已形成了严重积压的局面。市场已开始渐渐地向南美等中等发达国家倾斜了，而这些国家，也在利用当地的廉价劳动力生产塑胶花。在香港，劳工工资逐年递增，劳动力不再低廉。由于塑胶花属于劳动密集型产业，它的发展一定不会长远。

香港已出现过几次塑胶花积压现象，主要原因就在于生产过滥和欧美市场的萎缩。虽然积压并没有造成大灾难，更未直接影响长江，却引起了李嘉诚的高度重视。

正是在这一系列分析的基础上，李嘉诚未雨绸缪，采取了应变行动。他的未雨绸缪，不是增加投资，强化竞争能力，而是采取一种顺其自然的态度，让其自兴自衰。逐渐从塑胶花市场中淡出，慢慢放弃这个使他成名的产业。

他逐渐开始把全部精力投注于缔造以地产为龙头的商业帝国，这也是他从商以来，在心中逐渐酝酿成形的宏伟抱负。与塑胶花相比，后者在他的心目中地位更重要，也正是由于他后来实现了这一抱负，舆论界才给他加上了“超人”的桂冠。

识时务者为俊杰——李嘉诚正是这样一位商界奇才。

李嘉诚是第一个进入塑胶花领域的商人，赚了一大笔之后，他又审时度势，急流勇退。无论是前进还是后退，他都占尽了先机。

做生意就是这样：该投入时就要果断投入，该撤离时也不能有丝毫犹豫，要义无反顾地退出。

从某一方面来说，只有勇于放弃的商人才会是一个大有作为的商人。

“盛极必衰，月盈必亏。”道家的朴素辩证法，自然也适用于商界。

任何一个行业，当它走过自己的成熟阶段后，必将走向衰落，而这个时候如果不进行自我调整，还抱着不放，必将随着该项业务的衰落而走向失败。

勇于撤退的实例很多。比如香港“假发之父”刘文汉发现美国盛行“假发热”，于是断定善于跟风赶潮的香港必定会步其后尘，所以，抢先在香港成立假发制造公司，结果真如他所料，大大赚了一笔。接着，他又料定假发热只会维持一时，不会长久。于是，在市场达到顶峰时，及时退出，并携资移居澳大利亚，开创新的事业。不久，事实证明了刘文汉判断的准确性。美国的“假发热”消退，香港的假发制造厂家纷纷倒闭。此时，香港假发业的开拓者刘文汉，却在隔岸观火。

日本商战圣手松下幸之助说过：“高明的枪手，他的收枪动作往往比出枪还快。”

尽管李嘉诚果断收手，退出了塑胶业，但无论他后来的事业发展到如何庞大，获得的盛誉有多少，他都永远不会忘记从事塑胶花生产的那段岁月。

那是他开拓自己事业之初最艰辛的一段岁月，是塑胶花把他引入了辉煌事业的大门，给了他实现远大抱负的信心，也使他的意志力得到了磨炼。

李嘉诚在后来的创业中一直牢记这些经验和教训，使他的事业走向了更大的辉煌。

李嘉诚正是凭借着敏锐的眼光和洞察力，赢得了事业的辉煌发展。如果他一直死抱着塑胶花不放，那么，今天可能就不是现在的样子。他的成功就在于及时放弃了帮他成功的塑胶花产品，而选择了另一种产业。

在人们看来，李嘉诚三个字就是成功的代名词。其实，任何人的成功都不是偶然的，李嘉诚之所以能取得令世人瞩目的成就，这得益于他的远见卓识、聪明智慧及审时度势，更重要的是他善于做出正确的选择，这可以说是他的至胜法宝。

第三章　选择进退时机

——把握进退时机才能立于不败之地

纵观人类历史，大凡能成就伟业者，无不是深谙进退规则之人。人生之中，知何时退让为上策，懂何时进攻是时机，方可圆润通达。进退，是一种智慧，一种胸怀，一种手段，掌握了进与退的奥秘，也就找到了人生顺利、圆满的法门。

一、做人进退有规则

1. 逞强是幼稚的心态

人的一生中，不可能什么事情都是一帆风顺的，总会遇到各种各样的困难、挫折，无论是来自自身的，还是来自外界的，都在所难免。能不能忍受一时的不顺利，这就要看你是否有雄心壮志。一个真正想成就一番事业的人，志在高远，不以一时一事的顺利和阻碍为念，也不会为一时的失败所困扰。面对挫折，必然会发奋图强越挫越勇，这是一种积极的人生态度，困难正是磨练人意志的最好时机，只有经受了困难挫折考验的人，才能成大事。

《周易》中有“天行健，君子以自强不息”的话，是说天道运行强健不息，君子也应该积极奋发向上，永不停息才对，面对挫折、打击、磨难，应该是沉着应对，不能被这些困难所压倒。忍受挫折的正确方法是奋发图强，准备东山再起，而不是由此沉沦。

范雎是战国时魏国人，著名的策士。他擅长辩论，多谋善断，而且胸怀大志，有意成就一番事业。但是，他出身寒微，无人替他向最高权力阶层引荐，不得已只能屈身在魏国中大夫须贾的府中任事。

一次，须贾奉魏王之命出使齐国，范雎作为随从一同前往。齐国国君齐襄王早已知道范雎有雄辩之才，因此，范雎到了齐后，齐襄王便差人携金 10 斤及美酒赠与范雎，以表示他对智士的敬意。范雎对此深表谢意，却未敢接受齐襄王的赠礼，想不到还是招来了须贾的怀疑。须贾执意认为，齐襄王送礼给范雎，是因为他出卖了魏国的机密。

须贾回国之后，将“范雎受金”的事上告给魏国的相国魏齐。魏齐不辨真假，也不作调查，便动大刑杖惩罚范雎。范雎在重刑之下，肋骨被打断，牙齿脱落。他蒙冤受屈，申辩不得，只好装死以求免祸。范雎已“死”，魏齐让人用一张破席卷起他的“尸体”，放在厕所内；然后指使宴会上的宾客，相继便溺加以糟蹋，并说这是警告大家以后不得卖国求荣；这可真是飞来横祸，这么大的打击，几乎使范雎一命呜呼，而且遭受这样的污辱，为了保全自己，范雎忍受了这一切难以忍受的摧残和折磨。

范雎平白无故地受了这么一场皮肉之苦和情志之辱，一腔效命魏国的热忱化作了灰烬。他决计离开魏国，另谋一处显身扬名的地方。范雎在一个叫郑安平的朋友帮助下逃亡隐匿起来，并改名为张禄。

就在范雎忍辱求全，隐身民间的时候，秦国一个叫王稽的使节来到魏国，秦国此时国力强盛，且虎视眈眈，有兼并六国的雄心，郑安平得知秦使王稽来到魏国，便扮成吏卒去侍奉王稽，目的是想寻找机会向他推荐范雎。一天，王稽在下榻的馆舍向郑安平打听：魏国有没有愿意与他一块西去秦国的贤才智士，郑安平便不失时机地向王稽陈说范雎的才干。王稽当下决定于日暮时分，在馆舍与范雎见面。

日暮时分，郑安平带范雎来到王稽馆舍。范雎面对王稽，侃侃而谈，条分缕析，议论天下大事。一席话还未谈完，其才情智慧已使王稽信服，王稽决定带范雎入秦。

王稽使事结束，辞别魏王，私下带着范雎归秦。他们一路紧赶，来到秦国境内的京兆湖县时，只见对面尘土扬起之处，一队车骑驱驰而来，范雎忙问王稽道：“对面来的是什么人？”王稽注目望了望，转身告诉范雎，来的是秦国相穰侯魏冉，范雎一听便说：“据我所知，穰侯长期把持秦国的大权，厌恶招纳别的诸侯国的客卿入秦。我看，我与他见，只会招致他的侮辱，请您还是把我藏在车中，不见为好。”正说着，魏冉的车骑已到，魏冉向王稽说了一番抚慰他出使辛苦的客套话之后，果然不出范雎所料，接着便问王稽：“使君出使归秦，有没有带别国客人来啊？这样做，于我们秦国没有好处，只会添加麻烦！”

王稽见这种情形，心中暗自佩服范雎的先见之明，赶忙答道：“不敢。”魏冉看了看王稽，即示意驭手启车继续东行。

听到魏冉一行离去的车马声，范雎这才从车中探出身来，望着渐渐远去的魏冉背影，心中沉思：“我听说魏冉是一个聪明人。刚才他已经怀疑车中有人，只是行动上慢了一拍，忘记搜索而已。范雎一念及此，当即断然对王稽说：“魏冉此去，必然会后悔，非派人返回搜索使君的车辆不可，我还是下车避一下为好！”说完，范雎便跳下车，往道旁小径走去。王稽按辔缓行，以待步行的范雎。方才走了十多里，只听见身后一阵杂沓而急促的马蹄声响，魏冉遣回的骑卒已经赶了上来，将王稽的车马紧紧围住，一阵紧搜慢检，见车中确实没有外来的客宾，方才纵马而去。

骑卒远去，大道清静，范雎从小路闪出，与王稽相顾一笑，上车策马，往秦都咸阳的方向急驶而去。

范雎装死逃出魏国，智避魏冉而得以入秦。入秦后，他充分施展辩才游说秦昭王，最终取得信任。秦昭王采用范雎的谋略，对内加强了秦国的中央集权，对外使用远交近攻的霸业方略，使秦国的综合国力进一步加强。秦昭王因此任命范雎为秦相国，封为应侯。

人生在世，总会遇到几次“关键时刻”，只有沉得住气、冷静以对，才能保存自己的实力，为自己赢得胜利的机会。如果沉不住气，逞一时之能，就难以成就今后的事业。

2. 不要一根筋的做事

生活中有些人大事小事都爱追根究底，非要弄出个所以然来。这种认死理儿、爱较真的做法会让自己活得很累，也会给周围的人带来很大的压力。这种过分的“认真”，在外人看来就是冒傻气。所以，有时装装糊涂，耍耍滑头，不失为一种机智的做人之道。

郑板桥说：“难得糊涂。”的确如此。一个人如果过分认真，那么必将一事无成。在待人处世中，许多时候装得迟钝一点，傻一点，糊涂一点，往往比过于敏感更有利。

富有经验的人都知道，待人处世中与上司打交道最不容易，因为上司掌握着你的命运，一定妥善处理。

同样，作为领导者，也应该精通此道。有不少的领导者，对于下属的一些小是小非的问题最感兴趣，最爱打听，也最爱处理。他们不知道，下属在领导者面前，普遍存在着一种压抑感和被动感。他们的缺点错误，他们身上发生不光彩的事情，最怕领导者知道。他们的一些问题被领导知道了，虽然本来是小事，但他们不知道领导者怎样看这件事老担着心。所以，对那些鸡毛蒜皮的小事，要运用糊涂的办法，懒得去听，懒得去看，就是请你也不要去。如果听见了就装作耳聋，没听见；看见了，就装眼瞎，没看见。而且在思想上要真心当作一点不知道那样泰然处之，在嘴巴上真正当作一点不知道那样从不谈及。

对于那些因风俗习惯引起的一些问题，或者妇女、青年人、老年人之间发生的一些无伤大雅、无关大局的问题，领导者最好不去过问，知道了也应装着不知道。如果下属已经发现你知道了，不能采用“装不知”的办法了，则可以采取“装不懂”的办法来应付，摇摇手，说声：

“这个我不懂。”并不再追问。

七十二行，行行有“行话”，许多人中间互相有“暗话”，某些“行话”、“暗话”，下属最忌领导者知道，因为这些是用来互相取笑、互相俏骂的。对于这样的“行话”、“暗话”，就是你听到了，又知道了其中的意思，也要装不懂，即使自己被骂上两句也要装傻，甚至还傻笑几声。这样彼此间会出现一种和谐而有趣的气氛。如果认真去分析，严肃去教育，倒会使大家索然，一点好处也没有。在这类问题上，装聋卖傻，并不失声望。

糊涂的技巧是一种成功之道，当然这是指小事情的小糊涂。如果一切皆明白于心，恐怕会心生烦乱，干扰工作。

其实，巧妙地装糊涂更是一种真聪明，更能显示出智慧，不但给各种烦杂的事情涂上润滑油，使得其顺利运转，也能在生活中充满笑声，显得轻松明快；相反，老实认真只会导致木呆刻板，甚至使事情陷入僵局。

有个爱缠人的先生盯着小仲马问：“您最近在做些什么？”

小仲马平静地答道：“难道您没看见？我正在蓄络腮胡子。”

胡子是自然而然长的，小仲马故意把它当作极重要的事情，显然与问话目的不相符合。小仲马表面上好像是在回答那先生，其实并没给他什么有用的信息。小仲马自然是懂得对方问话意思的，但他偏要答非所问，用幽默暗示那人：不要再继续纠缠。

上面的例子充分说明了装糊涂、不较真的好处。当然，装糊涂不是真糊涂，这是一种明智的处世态度。我们在装糊涂的同时，也应把握好糊涂与认真的界限，以防弄巧成拙。

二、摆脱“还有明天”的借口

1. 输在起点，但要赢在终点

俗话说：“英雄不怕出身低。”一个人的起点低些没有关系，只要有清醒的头脑，过人的勇气及胆识，那么你也可以拥有一个完全不同的人生结局。

中国古代一位智者李斯从一个“厕所鼠”混成“粮仓鼠”的经历能给我们特殊的启示。

李斯出生于战国末期，是楚国上蔡（今河南省上蔡县西）人，少年时家境不太宽裕，年轻时曾经做过掌管文书的小官。至于他的性格为人，司马迁在《史记·李斯列传》中插叙了一件小事，能够极形象地说明。据说，在李斯当小官时，曾到厕所里方便，看到老鼠偷粪便吃，人和狗一来，老鼠就慌忙逃走了。过了不久，他在国家的粮仓里又看到了老鼠，这些老鼠整日大摇大摆地吃粮食，长得肥肥胖胖，而且安安稳稳，不用担惊受怕。他两相比较，十分感慨地说：“人之贤不肖，譬如鼠矣，在所自处耳！”意思是说，人有能与无能，就好像老鼠一样，全靠自己想办法，有能耐就能做官仓里的老鼠，无能就只能做厕所里的老鼠。这个小故事，形象地揭示了李斯的性格特征，也预示了他未来的结局。

为了能做官仓里的老鼠，求得荣华富贵，他辞去了小吏职务，前往齐国，去拜当时著名的儒学大师荀子为师。荀子虽是继承了孔子的儒学，也打着孔子的旗号讲学，但他对儒学进行了较大的改造，较少地宣扬传统儒学的“仁政”主张，多了些“法治”的思想，这很适合李斯的胃口。李斯十分勤奋，同荀子一起研究“帝王之术”，即怎样治理国家、怎样当官的学问，学成之后，他便辞别荀子，到秦国去。

荀子问他为什么要到秦国去，李斯回答说：

“人生在世，贫贱是最大的耻辱，穷困是最大的悲哀，要想出人头地，就必须干出一番事业来。齐王萎靡不振，楚国也无所作为，只有秦王，正雄心勃勃，准备兼并齐、楚，统一天下，因此，那里是寻找机会、成就事业的好地方。如果尚在齐、楚，不久即成亡国之民，能有什么前途呢？所以，我要到秦国去寻找适合我个人的机会。”

荀子同意李斯前往秦国入仕，但他告诫李斯要注意节制，在成功之际想想“物忌太盛”的话，不要一味地往前走，必要的时候要给自己留条后路。

李斯来到秦国，投到极受太后倚重的丞相吕不韦的门下，很快就以自己的才干得到了吕不韦的器重，当上了小官。官虽不大，但有接近秦王的机会，仅此一点，就足够了。处在李斯的位置，既不能以军功而显，亦不能以理政见长，他深深地知道，要想崭露头角，引起秦王的注意，唯一的方法就是上书。他在揣摩了秦王的心理，并分析了当时的形势后，毅然给秦王上书说：

凡是能干成事业的人，全是能够把握机遇的人。过去秦穆公时代国势很盛，但总是无法统一中国，其原因有二：一是当时周天子势力还强，威望还在，不易推翻；二是当时诸侯国力量还较强大，与秦国相比，差距尚未拉开。不过从秦孝公以后，周天子的力量急剧衰落，各诸侯间战争不断，秦国已经趁机强大起来了。现在国势强盛，大王贤德，扫平六国真是如掸灰尘，现在正是建立帝业、统一天下的绝好时机，大王千万不可错过了。

这些话既符合秦国及各诸侯国的实际情况，又迎合了秦王的心理，所以赢得了秦王的赏识，被提拔为长史。接着，李斯不仅在大政方针上为秦王出谋划策，还在具体方案上提出意见，他劝秦王拿出财物，重贿六国君臣，使他们离心离德，不能合力抗秦，以便秦国各个击破。这一谋略卓有成效，李斯因而被秦王封为客卿。李斯在秦国开始崛起了，后来终于做到丞相的高位。

李斯受茅厕老鼠和粮仓里老鼠的不同际遇启发，确定了自己的人生方向，那就是，要做粮仓里的那只老鼠。李斯是个有志气的人，而头脑的清醒更为他插上了翅膀，使他为自己选择了一个与众不同的终点。

生活有时就像打牌，如果你不幸抓到了一手烂牌，那也不要紧，重要的是你要尽心尽力地打好。很多时候，看来是输多赢少的烂牌也能打出好成绩。

2. 变则通，通则达

人要懂得变通，不能只在一棵树上吊死，此路不通就换条路，有更好的机会就赶快抓住，不要死抱着原来那棵树不放，生活不是一成不变的，你应该掌握变通的智慧。

事实上，在人的一生中，不止一次地与机会擦肩而过，你需要的只是正确地认识它们。当你为自己确立了目标之后，你真正能做的只是抓住机会。这样，那些令你熟视无睹的看似偶然的事件就会变成真正的机会。几乎任何一件事都会创造出一种机会。即使是偶然的不幸事件发生，你也应努力接受，勇敢面对现实，不能把它们作为无所事事的借口。

无论生活环境如何，起点并不是人今后发展潜能的指示灯。英国侨民在白手起家的富翁中占有的比例是英国本土居民的四倍。很多白手起家的富翁并没有名校毕业的背景。问题的根本在于，成功与人的背景基本上没有什么关系，它更多的因素在于人的自信、变通能力和把握机会的能力。

从前有甲乙两个年轻人，他们住在同一村庄，也是最要好的朋友。由于居住在偏远的乡村谋生不易，他们就相约到远方去做生意，于是变卖了田产，带着所有的财产到远方去了。

他们首先抵达一个生产麻布的地方，乙对甲说："在我们的故乡，麻布是很值钱的东西，我们把所有的钱换成麻布，带回故乡一定会有利润的。"甲同意了，两人买了麻布，细心地捆绑在驴子背上。

接着，他们到了一个盛产毛皮的地方，那里也正好缺少麻布，乙就对甲说："毛皮在我们故乡是更值钱的东西，我们把麻布卖了，换成毛皮，这样不但我们的本钱收回了，返乡后还有很高的利润！"

甲说："不了，我的麻布已经很稳妥地捆在驴背上，要搬上搬下多么麻烦呀！"

乙把麻布全换成毛皮，还多了一笔钱。甲的驴背上依然是麻布。

他们继续前进到一个生产药材的地方，那里天气酷寒，正缺少毛皮和麻布，乙就对甲说："药材在我们故乡是更值钱的东西，你把麻布卖了，我把毛皮卖了，换成药材带回故乡一定能赚大钱的。"

甲拍拍驴背上的麻布说："不了，我的麻布已经很稳妥地捆在驴背上，何况已经走了那么长的路，卸上卸下太麻烦了！"乙把毛皮都换成药材，还赚了一笔钱。甲依然有一驴背的麻布。

后来，他们来到一个盛产黄金的城市，那充满金矿的城市是个不毛之地，非常欠缺药材，而此地的麻布也很少见。乙对甲说："在这里药材和麻布的价钱很高，黄金很便宜，我们故乡的黄金却十分昂贵，我们把药材和麻布换成黄金，这一辈子就不愁吃穿了。"

甲再次拒绝了："不！不！我的麻布在驴背上很稳妥，我不想变来变去呀！"乙卖了药材，换成黄金，又赚了一笔钱。甲依然守着一驴背的麻布。

最后，他们回到了故乡，甲卖了麻布，这给他带来的利润仅仅是蝇头小利，和他辛苦的远行根本无法相提并论。而乙把黄金卖了，便成为当地最大的富豪。

人的一生在某些方面就像做生意，有的人其终点与起点没有什么区别，而另一些人能把自己的一生这笔“生意”越做越大，区别就在于是否在做出人生重大选择时有一种经营的心态，而经营是需要变通的。

三、不要挥霍自己的时间

1. 选择好人生的进退

“进”与“退”都是处世行事的技巧，是恰到好处的中庸之道，把握中庸，便有了进与退的判断标准，是进是退都有章法。该进的时候不进会失去机遇，该退的时候不退会惹来麻烦，甚至是祸害。

进退之术，古人多有阐发，像“进一步山穷水尽，退一步海阔天空”，“以退为进，以进为退”，如此等等。

然而，近年来，这些“金玉良言”却被人们忽略了，当作了“耳边风”，究竟是为什么呢？

一般说来，不外乎有这样两种原因：一种是身处逆境之人虽能识之，但不能做；另一种是身处顺境之人虽能做之，但不能识。

身处逆境，思量最多的就是如何能摆脱眼前不利局面，力争早日振作起来，因此，他们脑子里萦绕最多的便是“进一步山穷水尽，退一步海阔天空”，但思来想去，总觉得自己背水一战，退无可退。那么只能向前踏进，而结果，依然是落了个“山穷水尽”的地步。

相反，身处顺境的人，思量最多的则是如何抓住眼前红红火火的大好局势，进一步扩大自己的势力和影响，“好风凭借力，送我上青云”。尽管也时时有“高处不胜寒”的感觉，但是，他们当中又有几人能想到“退”字呢？

你或许还不太明白这其中的利害关系，好，且让我们来举例说明。

美国前总统克林顿跟莱温斯基的那场“拉链门”风波闹得沸沸扬扬。我们可以想一想，当克林顿与莱温斯基的事情东窗事发，克林顿采取推脱的态度，这也是一种选择。当着全世界人的面，堂堂的美国总统承认自己的丑事，这是多让人难为情的事情啊！但克林顿聪明之处就在于，他采取了一种以退为进的策略，承认了自己的错误。这么做，其实是将包袱扔给了所有的美国人：我已经承认了我自己的错误，你们有权利让我下台，你们也有权利让我继续留在总统的位子上。对一个已经承认错误的人，你们就看着办吧！结果表明，克林顿胜利了。

同样是美国总统，当年肯尼迪在竞选美国参议员的时候，他的竞选对手在最关键的时候轻易地抓到了他的一个把柄：肯尼迪在学生时代，因为欺骗而被哈佛大学退学。这类事件在政治上的影响是巨大的，竞选对手只要充分利用这个证据，就可以使肯尼迪诚实、正直与道德的形象蒙上一层阴影，使他的政治前途黯然无光。一般人面对这类事情的反应不外是极力否认，澄清自己，但肯尼迪很爽快地承认了自己的确曾犯了一项很严重的错误。他说：“我对于自己曾经做过的事情感到很抱歉。我是错的。我没有什么可以辩驳的余地。”肯尼迪这么做，等于说“我已经放弃了所有的抵抗”，而对于一个已经放弃抵抗的人，你还要跟他没完没了吗？如果对手真的继续进攻了，显得对手没有一点风度。所以，我们应记住一个基本原则：一个人既然已经承认错误了，那么你就不能再去攻击他，再去跟他计较。无论是克林顿还是肯尼迪，他们都没有因为有过劣迹而受到过多的伤害，相反的是，他们还都将它转变为了一个优势。这从肯尼迪后来当选总统和克林顿的事情完全在互联网上披露后支持率反而上升就可以得到证实。他们承认自己有过错误，他们就已经将自己人性化了：我们和平常人一样，也会犯错；同时，承认自己有错，赢得人们的同情。而别人这时也乐得做顺水人情。

这是在被动的情况下以退为进的策略。在主动的情况下，由于彻底解决某个问题的时机没有完全成熟，也可以采用这种策略。

对于成功者来说，只要人生目标的大方向没变，有时候选择以退为进的策略，才不失为一种明智的选择。

我们在谈到成功之道时，更多地强调要有一种勇往直前的精神，一种积极进取的精神。但有时候，如果一味地硬冲硬打未必是一种最好的方法，以退为进方是一种人生的策略。

诺贝尔奖得主莱纳斯·波林说："一个好的研究者知道应该发挥哪些构想，而哪些构想应该丢弃，否则，会浪费很多时间在差劲的构想上。"有些事情，你虽然尽了很大的努力，但发现自己处于一个进退两难的地位，你所走的研究路线也许只是一条死胡同。这时候，最明智的办法就是抽身退出，去研究别的项目，寻找成功的机会。

牛顿早年就是永动机的追随者。在进行了大量的实验失败之后，他明智地退出了对永动机的研究，在力学研究中投入更大的精力。最终，许多永动机的研究者默默而终，而牛顿却因摆脱了无谓的研究，而在其他方面脱颖而出。

在人生的每一个关键时刻，我们都要审慎地运用智慧，做最正确的判断，选择正确方向；同时别忘了及时检视选择的角度，适时调整。丢掉无谓的固执，冷静地用开放的心胸做正确抉择。每次正确无误的进退将指引你走向成功。

2. 不要浪费时间在一条死路上

古往今来，学会放弃的典故不胜枚举。明朝时，有位叫董笃行的人在京城为官。一天，他接到家中老母来信，说家里盖房子为一堵墙与邻居发生争执，希望他能出面把问题解决了。董笃行接信后回了一首诗：

“千里捎书为一墙，让他三尺又何妨。万里长城今犹在，不见当年秦始皇。”董母读后觉得有道理，于是主动退让。这个故事到今还传为美谈。有些人为了实现自己的理想，甚至放得下生死，民族英雄文天祥为此留下了“人生自古谁无死，留取丹心照汗青”的千古绝唱。

尽管人生奋斗的目的是获得，但有些东西却是不能不学会放弃的，比如功名、利禄、美色……学会放弃，在深秋时可以感受到夏天的热情，春天的柔情，冬天的真情。但是，放弃并不是悲观失望的退却，而是“扬弃”。

学会放弃，是放弃那种不切实际的幻想和难以实现的目标，而不是放弃为之奋斗的过程和努力；是放弃那种毫无意义的拼争和没有价值的索取，而不是丧失奋斗的动力和生命的活力；是放弃那种金钱地位的搏杀和奢侈生活的创造，而不是失去对美好生活的向往和追求。

面对纷繁复杂的世界和物欲横流的社会，懂得放弃的人，是会用乐观、豁达的心态去对待没有得到的东西的，他们每天都有快乐和愉悦的心情伴随左右。而不懂得放弃的人，只会焦头烂额地乱冲，他们不仅最终未能达到目标，而且每天都陷于得失的苦恼之中。

也许在放弃当时是痛苦的，甚至是无奈的选择，但是，若干年后，当我们回首那段往事时，我们会为当时正确的选择感到自豪，感到无愧于社会、无愧于人生。也许正是当年的放弃，才到达今天的光辉顶点和成功彼岸。

有一首老歌，歌词最后几句是这样的：“原来人生必须要学会放弃，答案不可预期；原来结果最后才能看得清，来来回回何必在意。”是啊！人生在世，何惧放弃。

欧洲金雕筑巢于高山悬崖，它以尖利的喙和强壮的爪宣布自己是天空的王者。金雕每次只孵出两只幼雏。在食物不足的年份，两只小金雕就会挨饿，金雕妈妈也只能眼看着孩子饿得嗷嗷叫。这时，两只小金雕就用力互相挤靠，结果总是相对弱小的那只被挤下山崖摔死。而这时的金雕妈妈又总是容忍这种“兽行”。

人是难以理解金雕的，但是面对自然界的残酷，金雕必须如此，否则就会全部饿死。岂止金雕，我们人类不也时时面对着痛苦的放弃吗？

3. 为人处世贵在见好就收

在如今的商业社会，追名逐利本身并非什么坏事，但名利应有限度，不能过分。春秋时期就有一个真实的故事，所说的就是这个道理：

范蠡是越王勾践的谋臣，他曾与以“卧薪尝胆”出名的越王勾践一起同甘共苦，最终打败吴王，他因此而被任命为大将军。然而就在他位极人臣的时候，却留下了“官大有险，树大招风”的话而销声匿迹了。据《史记》记载，他后来到齐国，与儿子共耕农园，积聚田产数十万。齐王看中他的才华，欲请他出任宰相，他却答道：“在野有千金之财，在位有宰相之名，对平常人来说，这是至高无上的荣耀了，然而过度的荣华却容易形成祸根。”说完，便将财产分赠邻人，搬到陶地去住，改名陶朱公而经商。

与范蠡形成鲜明对照的是同一时期的另一个历史人物文种。

文种也是勾践的重臣，为打败吴国立下了汗马功劳。他功成名就以后，仍然继续仕于越王。其间范蠡曾写给他一封信说：

“飞鸟尽，良弓藏，狡兔死，猎狗烹。越王的长相，颈项细长如鹤，嘴唇尖突像乌鸦，这种人只可以与他共患难，却不能同享安乐，你现在不离去，要待何时？”

后来文种也称病返乡，但做得不如范蠡彻底，他留在越国，其名仍威慑朝野，于是有佞臣陷害于他，诬称文种欲起兵作乱。越王也有“猎狗烹”之意，故而以谋反罪将文种处死。

人人都希望过着幸福富裕的生活，但有几人能同范蠡比呢？

只知进，不知退，久居高位的，遭“文种之祸”者，又何止一人？

第四章　选择职业方向

——选择不同的职业意味着选择了不同的命运

俗话说：男怕入错行，女怕嫁错郎。不同的职业实际上就是不同的行业。特定的职业，通常意味着不同的发展机会与空间，也决定了不同的生活方式。成功者能在自己所从事的领域出类拔萃，能够以自己的付出为个人赢得尊重，为家庭提供支撑，这就是通常意义上所说的事业有成，这可说是人人追求的目标。因此，可以说，选择了一份职业，就等于选择了一生。

一、男女都怕入错行

1. 首先知道自己想做什么

一个人有什么样的求职择业行为是由他的价值观决定的。不同的价值观，决定着不同的求职择业行为与最终的结果。

有一个正确积极的职业观，你才能从容地选择职业，不管你从事什么样的工作，都要尽可能地从工作中发现其中的价值和乐趣，用有利于成功的职业观来指导自己的行动。

（1）强化自己的使命感

使命感可以发挥力量，可以把不可能的事变成可能。当女人只是一个小女孩时，看起来非常文弱；但是当女人成为母亲时，有了养育子女的使命感，马上就成为强者，仿佛变了一个人。

许多人从来不考虑使命这问题，即使知道自己应负的使命也不在乎，所以无法自己掌握命运。一个人只有积极地寻求自己的使命感，才能增强战胜困难的决心和力量，才能获得最后的胜利。使命感强的人，会努力地去实践，没有使命感的人，走一步算一步，这两种人的差别将是成功和失败的差别。

（2）把命运转化成使命

在古希腊神话中，有一个关于西齐弗的故事。西齐弗因为在天庭犯了法，被天神惩罚，降到人世间来受苦。天神对他的惩罚是：要推一块石头上山。每天，西齐弗都费很大的劲把那块石头推到山顶，然后回家休息。可是，在他休息时，石头又会自动地滚下来。于是，西齐弗又要把那块石头往山上推。这样，西齐弗所面临的是永无止境的失败。天神之所以这样做，就是要折磨他的心灵，使他在永无止境的失败中，受苦受难。

但西齐弗却认为推石头上山是我的责任，只要我把石头推上山顶，我的责任就尽到了，至于石头是否会滚下来，那不是我的事。

而在石头从山顶滚落的那一瞬间他则告诉自己，明天还有石头可推，明天还不会失业，明天还有希望。天神因为无法再惩罚西齐弗，就放他回了天庭。

西齐弗的命运可以解释我们一生中所遭遇的许多事情，西齐弗的努力也可以是我们努力工作的写照，而西齐弗能把命运转换成使命的方式，也是一种职业观和生活模式。

(3) 从内心喜欢自己的工作

一家报纸曾举办一次有奖征答，题目是："在这个世界上谁最快乐?"获奖的答案是：正从事着自己喜爱的工作的人，是最快乐的。正如埃及著名作家艾尼斯·曼苏尔所说："事业成功本身，便是一种最大的快乐，最大的幸福，最大的力量。"因此，我们追求事业成功，就是追求最大的快乐。

要知道，工作的有趣与否，不在于工作本身是否有趣，而在于你有没有热诚勤奋地去做你的工作。再枯燥无味的工作，努力去做，也会变得有趣；再有趣的工作，不投入热情，兴味索然地做，都会变得无趣。不信你把自己装成冷漠、没有兴趣的样子，去玩游戏机看看。

正确而积极的职业观，会使任何工作都不再那么讨厌。对工作感兴趣，对自己有好处。因为你一生的大部分时间要花在工作上，要是在工作中找不到快乐，就决不可能再在其他地方找到快乐。不断提醒自己，对自己的工作感兴趣，可以将你的思想从忧虑上移开，而最后，还可能带来晋升和加薪，至少也可以把疲乏减至最少，并帮助你享受闲暇的时光。

做任何事情都需要我们付出热情，全身心地投入才能把事情做好，工作尤其如此。在我们的一生中，大部分时间要花在工作上，试着喜欢你的工作，善于在工作中挖掘潜能，寻找乐趣，你就会在工作中表现得越来越出色。从而找到自己久违了的成就感。

2. 适合的才是最好的

职业方向和具体从事的行业决定一个人职业生涯的高度。做自己擅长的事情更有可能脱颖而出；选择一个有发展前途的职业，随着时间的推移，你会有更加光明的前途。既不要盲目地去选择热门职业，也不必专门找有实力的单位。一句话，职业看适合，单位看发展，选择看眼光。

一个人是否真正认识自己，体现在职业生涯中的关键就是定位问题。个人定位是一个很主观的过程，即使他有正确的观念和方法，仍然容易出错。定位的错误将导致职业生涯的失败，因此，我们必须理解定位中各种可能的错误，为自己做出一个正确的定位。

个人定位中，以为凭借自己特定的能力、素质、专长、吃苦等要素就可以获得成功，这是走进了“专业”的误区。比如，你学的是地质外语，这是一个十分冷僻的专业。大学毕业之后，你不愿意放弃自己的专业，做普通的翻译，因此就继续就读研究生，以为自己水平提高之后，就会从事自己的专业。毕业之后，可依然很失望，还是没有合适的岗位。

人才市场需要的是专才。多才的职业者就是试图满足所有的需求，这种定位在卖方市场阶段还是可行的，现在你能够找到这样的工作岗位吗？通才并不是没有，但已经越来越少，越来越没有市场了。事实上，特定的岗位都要求一定的专业知识与技能，使用的也是特定的专业知识与技能，你多余的能力只会干扰你的成功。可见多才也能使你走进误区。

作为一名刚刚走上事业通道的人，怎样才能在职业生涯的坐标上定好位呢？具体说来，应该在以下三个要素上认清自己。

首先是兴趣。兴趣是事业的成功之母，兴趣广泛，能够使我们感受到生活的丰富多彩，增添生活的乐趣。生活犹如大海，有时波浪滔天，有时风平浪静；有时是阳光明媚的晴天，有时又是布满阴云的雨夜。在平时的生活中，有一些兴趣爱好，可以放松自己，起到调剂精神的作用。马克思喜欢音乐，恩格斯爱好散步，列宁善于狩猎，毛泽东在高龄时还畅游长江。虽然他们都是伟人，但兴趣爱好并未泯灭。所以，我们应当注意到自己的职业兴趣，一个人对某种职业感兴趣，就会对该种职业活动表现出肯定的态度，并积极思考、探索和追求。职业兴趣总是以社会的职业需要为基础，并在一定的学习与教育条件下形成和发展起来的，是可以培养的。虽然某种职业兴趣一经形成就具有一定的稳定性，但根据实际需要，还是可以通过多种途径，加上自己的努力去改变、发展和培养的。

其次是气质。气质是事业适应的晴雨表，每种气质类型也有其较为适应的职业范围。在适应性职业领域，每种气质类型的人能发挥其优点，避免其缺点。气质会影响人活动的特点、方式和效率，所以一定的职业活动的顺利进行，要求从事者必须具有某些气质特征。如军事指挥、外交人员需要控制情绪的兴奋性，表情不外露。而演员、营业员、推销员则更需热情奔放、情绪舒展、笑口常开。气质使人在心理活动和行为方式上具有独特色彩，但它并不标志一个人智力发展水平和道德水平，更不能决定一个人的社会价值和成就前途。每种气质类型都各有优缺点。如多血质思维灵活、反应迅速、好交际、敏感，但易变浮动、急躁不稳；胆汁质直率热情、精力旺盛，但失之鲁莽、惶于冲动、准确性差；黏液质的安静沉稳、自制忍耐，但反应缓慢、朝气不足，抑郁质的细腻深刻、踏实细致，但多愁善感、孤僻迟缓。在社会工作中，不同的职业，自然都需要这些气质的人；但对一个人而言，应当对号入座，你的气质应适应于你的职业，只有这样，你才能在工作中有所成就，有所发展。

第三是性格。性格决定着个人的命运。人们说，秉性暴烈的人，跟人打交道的职业干不了；性格深沉的人，适合搞科研；性格温和的人，最适于当培养幼苗的园丁。那么，什么叫性格呢？它是你对现实的一种稳固的态度以及与之相适应的习惯了的行为方式。它不仅表现在对人、对自己的态度上，同时也表现在对职业生涯的选择和态度上。开朗、活泼、热情、温和的性格，一般较适合从事演艺娱乐、新闻系统、服务行业以及其他同社会与人群交往较多的行业；深沉、严谨、好奇心强、喜欢追根究底的性格，比较适合于从事科研、教学方面的职业活动；做事马马虎虎的人，显然不适合做需要特别细心的外科医生；当一名职业军人，勇敢、沉着、果断与坚定则是必不可少的性格。

你的性格与你是否能适应某种职业生涯有着很大的关系。如果你从事的职业与你的性格相适应，你工作起来就会感到得心应手，心情舒畅，也就容易在工作中取得成就。如果你的性格特点与你所从事的职业不相适应，这种性格就会阻碍你工作任务的完成。

生活中的每个人在择业时，都应该选择自己喜欢和擅长的工作，这样才有可能在自己所从事的领域内取得令人瞩目的成绩。当知道自己在择业时走错了方向，就一定要果断地纠正自己的错误，掉转头朝正确的方向走，这样才会到达理想的目的地。如果明知错了还要继续走，最终就会一败涂地。因此，我们在择业时有一个原则不能变，那就是一定要选择自己最擅长的工作。

3. 择业时要善于把握机遇

有人说："机遇可遇而不可求。"其实，机遇的产生是有其内在规律的。只要你有足够的勇气、聪明的头脑、敏锐的观察力和判断力，机遇就可以被"创造"。善于把握机遇、利用机遇完成创造是聪明的人，而好多伟大的人更是懂得创造机遇，让机遇为我所用，这样的人才是真正的"智者"。

不知你有没有听说过这样一个关于机会的故事。

有个年轻人靠在一块大石头上，懒洋洋地晒着太阳。

这时，从远处走来一个怪物。

"年轻人！你在做什么？"怪物问。

"我在这儿等待时机。"年轻人回答。

"等待时机？哈哈！时机是什么样子，你知道吗？"怪物问。

"不知道。不过，听说时机是个很神奇的东西，它只要来到你身边，那么，你就会走运，或者当上了官，或者发了财，或者娶个漂亮老婆，或者……反正，美极了。"

"嗨！你连时机是什么样都不知道，还等什么时机？还是跟着我走吧，让我带着你去做几件于你有益的事吧！"怪物说着就要来拉年轻人。

"去去去！少来添乱！我才不跟你走呢！"年轻人不耐烦地说。

怪物叹息着离去。

一会儿，一位长髯老人来到年轻人面前问道："你抓住它了吗？"

"抓住它？我干嘛要抓它呀？"年轻人问。

"它就是时机呀！"

“天哪！我把它放走了！”年轻人后悔不迭，急忙站起身呼喊时机，希望它能返回来。

“别喊了，”长髯老人说，“我告诉你关于时机的秘密吧。它是一个不可捉摸的家伙。你专心等它时，它可能迟迟不来，你不留心时，它可能会来到你面前；见不着它时，你时时想它，见着了它时，你又认不出它；如果当它从你面前走过时你抓不住它，那么它将永不回头，使你永远错过了它！”

愚蠢者等待机会，聪明者创造机会。不要怨天尤人，命运其实就在我们自己手中。

吴士宏曾是IBM（中国）公司的总经理。可在多年以前，吴士宏还只是一个护士。1985年，她决定要到IBM去应聘。当时，IBM的招聘地点在长城饭店，这是一个五星级的饭店。

在长城饭店门口，她足足徘徊了5分钟，呆呆地看着那些各种肤色的人从容地迈上台阶，简简单单地进入另一个世界。她的内心深处无法丈量自己与这道门之间的距离。

经过一番思考，她鼓足了勇气，迈着稳健的步伐，穿过威严的旋转门，走进了世界最大的信息产业公司IBM公司的北京办事处：她的确是个人才，顺利地通过了两轮笔试和一轮口试，最后到了主考官面前，眼看就要大功告成了。

俗话说：阎王好见，小鬼难缠。现在已经见到了阎王，她，什么也不怕了。主考官没有提什么难的问题，只是随口问她会不会打字。

她本来不会打字，但是本能告诉她，到了这个地步，不能有不会的。

于是，她点点头，只说了一个字：“会！”“一分钟可以打多少个字？”“您的要求是多少？”“每分钟120字。”

她不经意地环视了一下四周，考场里没有发现一台打字机，她马上就回答：“没问题！”主考官说：“好，下次录取时再加试打字！”

实际上，吴士宏从来没有摸过打字机。面试结束，她就飞快地跑去找一个朋友借170元钱买了一台打字机，然后没日没夜地练习一个星期，居然达到专业打字员的水平。

她被录取了，成了这家世界著名企业的一名员工。吴士宏每天除了工作就是学习，她寻找着自己的最佳出路。最终，与她一起进IBM的，她第一个做了业务代表；她第一批成为本土的经理；她成为第一批赴美国本部进行战略研究的人；她第一个成为IBM华南地区总经理——也就是人们常说的“南天王”……

最后吴士宏还登上了IBM（中国）公司总经理的宝座。

谁都想从事一个能给自己带来成功的工作，但当你费尽心力寻找这样一个工作时，千万不要仅仅把它当成一个工作，而是当成一个人生难得的机遇。抓住了这样一个机遇，你的职业生涯就成功了一半。

二、求职需要懂技巧

1. 克服求职时的恐惧心理

求职是一门艺术。精通求职之道的人会在求职时把自已的聪明才智发挥得淋漓尽致，不费吹灰之力就成功地达到自己的目的；而不善此道的人则处处碰壁，饱受失败的打击。要想在茫茫求职者中脱颖而出，让伯乐们一眼就认定你是千里马，就必须努力修炼这门艺术。

刘某是一位身材矮小、性格内向、来自湘北农村的工科学生，临毕业还有三个多月，他便时时涌起一种莫名其妙的恐惧与不安。刘某在谈起自己的心理感受时是这样描述的：平时内向，不善言辞和交往，大学几年中虽然成绩不错，得过几次奖学金，可自己总觉得除了学习之外，别的方面都不行，尤其是找工作，自己来自农村，没有一点儿关系，之前去人才市场和几个用人单位去谈时，自己害怕得要命，结果很不理想，用人单位那盛气凌人、刻薄的态度和话语使他至今都还心有余悸。由于家中经济条件不太好，父母不想让他再读研究生了，可他还是去考了，因为没有很充分地去准备，考的不太理想，要是不能找个好单位，去读研究生也是很不错的选择，看来这两方面都难如愿了，现在一提到找工作，他便非常害怕，有时身上会出冷汗，即便好朋友拉着，他也不敢再去人才市场了。通过和刘某的深谈，进一步了解到他平时的生活中便缺乏独立处理事情的那种勇气，遇事总是瞻前顾后，过分地担心，自尊心很强，爱面子。当问及想找一份什么样的工作时，刘某不加思索地说，现在找工作那么难，也没太多的期望，只要能稳定，收入好点就行。学校老师了解到刘某的情况，不断地做他的思想工作，告诉他，每个人都必须迈出人生的这一步，你应该多从同学成功的求职的经历中学习一些经验。在老师的帮助下，刘某拟订出了自己的求职目标及计划：一是到科研单位从事研究工作，二是到企业从事办公自动化或科技开发，三是到学校从事教学或管理工作。老师了解到刘某的求职恐惧主要有以下几个原因：一是刘某缺乏对社会的充分认识和了解，第一次踏入社会要直接地和陌生人交流，担心自己的身材、能力等条件影响到求职，显得信心不足和不知所措。二是害怕求职的失败，担心找不到好的工作对不起父母和自己。三是受几次求职失败的影响，担心自己适应不了社会上的某些工作，不敢再去尝试。实际上，在刘某一开始的求职中是比较盲目的，一方面缺乏对用人单位的了解，再是缺乏对自己的了解，三是缺乏基本的求职技巧与艺术。在老师的鼓励与循循善诱之下，刘某意识到：求职中关键是超越自我，障碍不在社会而在自己，要敢于去大胆争取。后来几经努力，他终于如愿以偿地进了一家中外合资公司，并高兴地给老师写信报告了这一好消息。坦率地说，在刘某身上，我们看到了我们教育的缺陷和苍白，我们培养的学生不敢去面对未来，不敢迈出求职路上的这一关键性的步子，他们的独立能力、自信能力和交往能力的培养往往被知识学习所掩盖了，平时的学校生活中看似无关紧要，真要去面对渴望已久的独立时，他们便又显得束手无策。这种现象，在一部分大学生身上表现得尤为突出。目前的“自主择业”使一部分过惯了依赖生活的大学生感到很不适应，从小到大，他们习惯了依赖，习惯了在其生活和学习中出现困难和问题时，家长、老师和同学会帮他度过难关。大学四年在与同学的交往中显得较为正常，但一遇陌生人似乎就显得异常紧张与不安，好在大学中这种情况较少遇到。求职生涯打破了这种人际关系的封闭状态，你必须主动去结交陌生人，任凭别人用挑剔的目光和口气来与你交流，一贯养尊处优、高傲的天之骄子却要低下头来去求别人。面对着激烈的市场竞争，很多大学生日常生活中缺乏独立、缺乏自我完善而依赖感较强，则必然表现出焦虑和恐惧。

长期以来，大学生们在呼唤分配制度的改革，给自己以更多的自主权，可当这种自主权真的落实到自己手中之时，面对风云变幻的市场经济大潮和异常激烈的求职竞争，有的大学生茫然了，恐惧了。实际上，克服这种恐惧心理，必须首先树立正确的择业观念，求职不是一种你死我活的竞争，而是对自己的一种全面检验。求职，同样也是自我的一种生命体验，只有自己充分准备，不断完善自我，才会获得成功，只有树立信心，敢于竞争，相信自己可以改变自己的命运，一切必须依靠自己去争取，充分认识自身优势，展露自己的优势，机遇便会向你敞开幸运的大门。

通过教育体制的改革，现在的大学不断扩招，必将有越来越多的大学毕业生走上工作岗位，接受社会的检验。奉劝大学生们，对于走上社会，不必有过多的焦虑与恐惧，因为你们在校学的知识，正是为了将来英雄能有用武之地。只要你们对自己充满信心，有百折不挠的勇气，始终做到自强不息，你们就一定能找到充分施展自己聪明才智的舞台，同时你们在社会这所特殊的大学里也会历练得更加成熟、坚强，更加出类拔萃。

2. 在面试中突出自己

既然要找工作，就要过面试这一关。如今的面试越来越多，有时候甚至还有重重陷阱。但无论面试的方式怎么变，其考察的几个方面是不会变的，只要从以下几个方面下功夫，你的面试成功率就会提高。

（1）灵活的反应能力

情况是死的，人是活的，也正是“灵活”二字表现出了你的独特过人之处。

有一家宾馆打算招聘一名客房部经理，宾馆老板面试甲、乙、丙三个男性候选人时问：“假如你无意中推开房门，看见女客一丝不挂在淋浴，而她看见你了，这时你怎么办？”甲答：“说声‘对不起’，就关门退出。”乙答：“说声‘对不起，小姐’，就关门退出。”丙答：“说声‘对不起，先生’，就关门退出。”结果丙被录用了。

试想一下，只有丙的故意装错的答案才能使春光外泄的女客真以为他没看清楚男女，因而减少惊吓和愤怒，所以相比之下，丙的答案更灵活，更高明，丙被录取也就不足为怪了。

（2）自身的形象

形象是一封最有说服力的介绍信，一言一行就可以反映出你的综合素质，千万不能忽视！

德国著名企业家彼得先生在报纸上刊出一则广告，欲招聘一位年轻的男秘书。广告一刊出，立即拥来了好几十个应聘人才。彼得先生选中一个空手而来的小伙子弗兰克。

彼得的助手不解地问：“我真不明白，你为什么会选中一个连简单的介绍信都没有带来的小伙子？”

彼得平心静气地解释说：“那你可错了。弗兰克带来的东西可多呢——他进门先擦净皮鞋，进门后能轻轻关上门，表明他细致小心；他一进来便摘下帽子并且很从容很敏捷地回答我的问话，表明他很有礼貌而且很聪明；我故意把一本书扔在地上，只有他捡了起来，并放回桌上，而其他人都毫不在意地踩了过去；他不像别人那样使劲地往里挤而是耐心地排队等待；同他谈话的时候，我注意到了他整洁的衣着、洗得干干净净的头发和指甲，难道你认为这还不够吗？在我看来，这是一份最有说服力的介绍信。”

（3）务实的态度

求职中不要盲目地炫耀自己，不管是对老板，还是对自己，都要有务实的态度。

有一个大公司高薪招聘司机，责任是给老板开车。由于关系到老板的身家性命，所以，司机的技术水平和化险为夷的能力至关重要。老板亲自做招聘的考官。

广告贴出去之后，应聘者络绎不绝。经过几轮专业技术的应试，还是剩下了4个人难分高低。最后，老板向每一位应聘者问了这样一个问题："当有一天你开车接近悬崖时，你最多能开到多近才停止？"

第一个人当过汽车教练，他说："我可以开到离悬崖30厘米的地方停止，甚至更近些。"的确，他自信他有能力做到这样。第二个人技术很高超，他很轻松地说："我可以开到悬崖的最边上。保证又刺激又不出任何问题。"第三个人当过军人，回答也很别致，他聪明地说："您让我开多近我就开多近，我随时服从老板的安排。"第四个人想了想，很诚实地说："老板，我不知道我可以开得多近，但我想我应该把车停在离悬崖最远的地方，因为悬崖边很危险。"

第二天，招聘结果出来了，第四个人被高薪录用了。

（4）坚毅的品格

有时候看似毫无希望，其实只要争取一下就有可能扭转乾坤。求职过程中遭遇了挫折，你更需要坚持到底。

一位女大学生刚毕业时，到一家公司应聘财务会计工作，面试时便遭到拒绝，原因是她太年轻，公司需要的是有丰富工作经验的资深会计人员。女大学生却没有气馁，一再坚持。她对主考官说："请再给我一次机会，允许我参加完笔试。"主考官拗不过她，答应了她的请求。结果，她通过了笔试，由人事经理亲自复试。

人事经理对这位女大学生颇有好感，因她的笔试成绩最好，不过，女孩的话让经理有些失望，她说自己没工作过，唯一的经验是在学校掌管过学生会财务。找一个没有工作经验的人做财务会计不是他们的预期，经理决定到此为止："今天就到这里，如有消息我会打电话通知你。"

女孩从座位上站起来，向经理点点头，从口袋里掏出两块钱双手递给经理："不管是否录取，请都给我打个电话。"

经理从未遇到过这种情况，一下子呆住了。不过他很快回过神来，问："你怎么知道我不给没有录用的人打电话？"

"你刚才说有消息就打，那言下之意就是没录取就不打了。"

经理对这个年轻女孩产生了浓厚的兴趣，问："如果你没被录用，我打电话，你想知道些什么呢？"

"请告诉我，在什么地方不能达到你们的要求，我在哪方面不够好，我好改进。"

"那两块钱……"

女孩微笑道："给没有被录用的人打电话不属于公司的正常开支，所以由我付电话费，请你一定打。"

经理也微笑道："请你把两块钱收回，我不会打电话了，我现在就通知你，你被录用了。"

我们要想在面试中脱颖而出，获得用人单位的赏识，本身所具有的知识、能力固然重要，但其他因素也不可忽视。除了要做到以上几点外，还要在细节上充分下功夫，因为用人单位要对应聘者做出一个综合的考察。他们懂得，一个不经意的细节，往往能够反映出一个人深层次的修养。细节能成就一个人，也能毁掉一个人。只要我们在面试中有灵活的应变能力，注意自身的形象，务实的态度，良好的品格以及充分注意细节，那么成功就离我们不远了。

3. 大学生求职要避免盲目性及攀高求安的心理

当今社会，竞争可以说是无处不在，大学生求职时更是面临着巨大的竞争压力的考验。可是即便如此，有很多大学生在择业时还是很盲目的。很多人急功近利，只关心单位的效益、工资福利、奖金等等，而极少考虑是否能让自己的知识学以致用。更有甚者，有的为了实惠，却放弃了自己大好的发展前途。

有很多大学生不自觉地陷入这样一种盲目求职的误区，还未毕业，就开始急于找工作，其实只要全面完成了学业，有了真才实学，何愁找不到好的工作？相反，即使提前找到了工作，而没有过硬的本领，也会被岗位淘汰。

还有一些同学为了向用人单位推销自己，少则发出几十份，多则发出几百份简历。发出简历后，为方便与用人单位联系，没有手机的同学还要配手机，如果单位需要应聘者去面试，男生要置办西装革履，女生要备好职业套装。

如此包装，开支事小，但是否又能真正提高求职的成功筹码呢？某公司的人事部经理说，他们对前来面试的毕业生，在着装上并不刻意挑剔，只要衣着整齐干净，注重个人卫生，给人留下良好的第一印象就行。相反，若是修饰过度、油头粉面，倒是给人不够自然大方的印象。事实上，各公司及用人单位花时间精力去招聘，关键还是“求贤若渴”，希望能招到有培养前景、能为本单位发展做出贡献的有真才实学的人才，而不是一个用来摆设的花瓶。

因此，服装穿得再考究，也只是形式。聪明的招聘者更注重内容，也就是应聘者的实力。求职者应根据供求双方的实际条件，有的放矢。

许多女大学生，都希望找一份稳定安逸的工作，甚至把它当作首选条件。在一些招聘会上，她们大多把眼光投向国有单位，哪怕是放弃所学专业，在办公室做文秘都可以。

其实，这个世界上没有任何绝对稳定的工作，随着国企的不断改革，在激烈竞争的就业形势下，不努力工作，不付出艰辛，“失业”随时随地都会发生。

有一位名牌大学财会专业的毕业生，现正在一家会计师事务所工作，应该说这个工作非常有发展前途。但他却一直抱怨事务所工作太繁琐，还要常出差。为此他准备跳槽到一家安稳的事业单位搞财会。以这样的心态，他的发展前景应该可以想见。

而另一位也是从同所名牌大学财会专业毕业的朋友，从进入一家小会计师事务所工作开始，一直踏实积极地工作，在实践中不断充实和完善自己。现在他在北京一家国际会计师事务所工作，年薪十几万。他的下一个目标是成为一家会计师事务所的合伙人，向年薪30万进军。

同一行业的不同心态，昭示了一点：勇于进取远比“安逸”更能激发一个人的潜能，贪图安逸只会瓦解一个人的斗志，毁掉一个人的前途。

大学生择业的另一种普遍现象是有一种攀高求安的心理。

追求具有较高地位的工作岗位和职业的安全感与稳定性几乎是一种普遍的愿望。大学生们存在着学工不爱工，学农不爱农，毕业分配死守天（天津）、南（南京）、海（上海）、北（北京），不去新（新疆）、西（西藏）、兰（兰州）。理想中的择业标准有三高，即高起点、高薪水、高职位。对工作的具体要求有“六点”：名声好一点，牌子响一点，效益高一点，工作轻一点，离家近一点，管理松一点。这是一种明显的贪图安逸、追求享乐、怕吃苦的表现。有的同学报着宁高勿低、宁缺勿滥的心理来求职，先是大城市、省会城市，然后是中等城市，进不了大中城市，许多同学宁愿毕业后死守在那里打工漂泊，也不愿屈身往县城里去，真可谓是“宁要大城市一张床，不要小县城一套房”。求职应聘中，由于这种攀高求安的心理在主宰着其行为，往往导致了屡屡失败。

张磊是一名化学专业的硕士研究生，在一次人才交流会上，一家内地的用人单位拟招聘一名化学专业的毕业生，由于该单位的工作条件和待遇比较优厚，所以应聘者较多，张磊经过几轮激烈的角逐，力挫对手、脱颖而出，成为该单位考虑聘用的第一人选。她在招聘应试中显示出的扎实的专业功底和宽广的知识面令招聘方感到欣喜。最后，当聘用单位询问其为何愿意到该单位工作时，张磊说道：“你们这里的环境条件对个人事业发展来说远不如南方开放城市好，我之所以愿意到你单位工作，主要是你们答应的待遇好，干你们这一行清闲自在。我作为女孩子并不想在事业上干出什么轰轰烈烈的成绩，只要生活得舒适就满足了。”招聘人员说：“我们非常赞赏你的坦率，但对不起，我们不是养老院，我们不能聘用你。”最后结果令张磊百思不解，论资历、学历、水平、能力，自己哪点不比他们最后录用的那位本科生强。也许是稳操胜券的心理及过分坦率的言行令张磊丢了这份工作，但张磊表现出的那种贪图安逸、不思进取且难以满足、这山望着那山高的心理令招聘单位望而生畏。

当代大学生掌握一定的专业知识和技能，修养也普遍较高，得到了社会的普遍认可，因此，应获得较为稳定的工作及发展机遇。为此，大学生的择业期望值也是很高的，一般说来，大家都希望求得一份既能更多更好地满足自己物质生活和精神生活需求的工作。但从另一方面，大学生也明显地感受到真正能提供这种条件的岗位微乎其微。广州的宝洁公司每年在国内几个大城市毕业生中公开招聘，每个地方几个名额，报名者却成千上万，经过初试、面试、英文面试层层筛选，最后还要英语口语考核，最终会有几名幸运儿脱颖而出，可这些入选者每每谈起应聘经历也是心惊胆战。看来，并不是社会不给大学生机会，而是他们过于挑剔，过于苛求，因此攀高求安的求职希望往往会被无情的现实击得粉碎，进而使一些学生心灰意冷。理想与现实的极大反差告诫每一位大学生必须脚踏实地，立足现实，退而求其次，在实践中不断磨炼自己，如此才会有更大的发展潜力与空间。

三、职场成败，取决于你选择什么样的工作目标

1. 初入职场需空杯

大学生历来被冠以“天之骄子”的称号，加上社会、学校、老师对他们的宠爱和关注，导致很多人把自己看得过高，在择业时容易好高骛远，贪多求大，想在事业起步时就能站在高起点上。其实，这样的想法是大错特错的，作为大学生，不管你有多高的水平与能力，都应该脚踏实地从基层做起，否则的话就会处处碰壁，甚至导致一败涂地的结局。

有一位大学生，毕业后待在一个城市已经 3 年了，可是还没有找到工作。她的生活也没有着落，每月靠父母寄过来的几百块钱度日，这点钱租房就已经花光了，每日吃饭都成问题，只得靠朋友们接济。可她为什么 3 年还没找到工作呢？说来话长，原来她刚毕业时，在这个城市的一个远郊区县找到了一份工作，但她仅在那个单位待了不到一个月就撑不下去了，原因是觉得那里离市区太远、太冷清，她忍受不了寂寞。而且她觉得那里的生活太苦，吃的住的都不怎么好，而且工作也比较辛苦，因此她逃避了，她离开那所单位，打算另寻高就。就这样，一个很好的留在这个城市的机会失去了。后来，她又找了好几份工作，都觉得不好，在小公司做文秘，她嫌活太繁琐、太单调，没有前途，大公司她

又进不了。在学校当老师吧，她又嫌太操心，而且学生们不好管，再说教师压力太大。就这样，在3年内她也没找到一个好工作。3年的时间过去了，她的同学们很多已经升职，有的放弃以前的工作，找到更好的工作，都在这个城市安了家。唯独她，一份工作也没有找到，并且一点经验也没有积累下来，现在即使她肯屈就到一些小公司，但当人家问她为什么毕业3年还没一点工作经验时，她不知如何回答，因此，她屡次被淘汰。

现在，她的父母已无力接济她，她在这个城市已经待不下去了，她不得不回到家乡那个不太发达的小镇，她是多么舍不得离开这个城市啊，她在这里找了3年的工作，就是为了留在这儿，可现在，她却要凄惨地离开这里，她是多么不甘心啊！然而，有什么办法呢？

或许你也是一名应届毕业生，或是一名待业者，打算在某一个城市找到一处栖身之地，当你在求职时，是否也犯了她这样的错误呢？如果是这样，劝你暂时先把眼光放低一点吧，这个社会缺的不是人才，而是工作岗位。如果你刚开始工作，一点经验也没有，好的工作是不会轻易就青睐你的。你最应该做的，就是先找到一份能让你学到经验、不断取得进步、从而成长为一个真正的职业者的工作，不要梦想一开始就有高薪、住房等等优厚待遇，你目前还没有实力得到这些，不要好高骛远，不要太高估了自己，也不要仅仅把眼光盯在眼前，看长远一点，相信未来，相信自己不断努力最终可以得到你想得到的一切。人应该是不断进步、不断成长的，那种好高骛远眼高手低的做法是不明智的，也是不可取的。所以，从零开始，脚踏实地，一步一个脚印认认真真地做起，你一定会成功的！

另一个大学生就很聪明。他毕业后，也努力想进大公司，但是没有一家愿意录取他。他权衡了一下，为了留在这个城市，就应该先找一个可以留下来的单位。于是，他就进了一家小公司做文秘，每天都干一些诸如打字、复印、发报纸、接电话等工作，别人都说他是高射炮打蚊子——大材小用，但是他对自己充满信心，相信总有出头之日。他是学文的，因此业余时间就写一些文章投稿，并且有几篇还被当地报社采用。后来，这家报社正好缺一名编辑，于是他就被录取了。在报社干了几年，他都很认真，有不少作品获奖。后来，他又考上了当地的公务员，当了一名政府职员，再后来，他就晋升为部门主任。

这就是一粒金子由不被注意到最终发光发亮的过程。我们每个人都会经历这个过程。所以，初进职场者，请你暂时低一低头，适当降低你的目标，找份低于你的理想的工作，你目前最应该做的是积累经验、磨炼意志、培养职业素质，相信你认真、诚恳的工作态度最终会赢得同事的信任、老板的赏识，从而找到自己理想的归宿。我们不要梦想不付出努力就可以得到最好的报酬，这是很不现实的，唯有我们做出成绩，具有了优秀的品质和素养，我们才会最终被社会所承认和接纳，到那时，我们就可以大展鸿图了。

一个人欲想在事业上取得骄人的成绩，就必须脚踏实地从零做起，一个初入社会的年轻人完全不必担心自己的才华被埋没。因为只要是金子放在哪里都会发光。因此，初入社会的年轻人必须树立正确的目标，踏踏实实地从零开始，如此才能到达理想的彼岸。

2. 小事即有可能成就伟业

我们每个人所做的工作，都是由一件件小事组成的，但我们不能因此而忽视工作中的小事。纵观所有的成功者，他们与我们都做着同样简单的小事，唯一的区别就是，他们从不认为自己所做的事是简单的小事。其实，无论大事小事，关键在于你的选择，只要选择对了，你的小事也就成了大事。

希尔顿饭店的创始人、世界旅馆业之王康·尼·希尔顿就是一个非常注重小事的人。他经常这样要求他的员工："大家牢记，万万不可把我们心里的愁云摆在脸上！无论我们饭店遭到何等的困难，希尔顿服务员脸上的微笑永远是顾客的阳光。"

正是这小小的微笑，让希尔顿饭店获得了极佳的声誉。

没有哪一件工作是没有意义的，每一件小事都有自己的意义。

饭店的服务员每天的工作就是对顾客微笑、打扫房间、整理床单等小事；快递员每天的工作就是送递邮件。他们是否对此感到厌倦、毫无意义而提不起精神？

但是，这就是你的工作，你必须做好它。

一位年轻的女工进入一家毛织厂以后一直从事织挂毯的工作，做了几个星期之后她再也不愿意干这种无聊的工作了。

她去向主管辞职，无奈地叹气道："这种事情太无聊了，一会儿要我打结，一会儿又要把线剪断，这种事完全没有意义，真是在浪费时间。"

主管意味深长地说："其实，你的工作非常有意义，其实你织出的很小的一部分是非常重要的一部分。"

然后主管带着她走到仓库里的挂毯面前，年轻的女工呆住了。

原来，她编织的是一幅美丽的百鸟朝凤图，她所织出的那一部分正是凤凰展开的美丽的羽毛。她没想到，在她看来没有意义的工作竟然这么伟大。

可见，工作并无小事，每一件小事都可以算是大事，要想把每一件事做到完美，就必须固守自己的本分和岗位，付出自己的热情和努力。这就是做出了最好的贡献。

职业道德要求我们每一个员工对待小事要像对待大事一样认真。许多小事并不小，那种认为小事可以被忽略、置之不理的想法，只会导致工作不完美。

美国标准石油公司曾经有一位小职员叫阿基勃特。他在出差住旅馆的时候，总是在自己签名的下方，写上“每桶 4 美元的标准石油”字样，在书信及收据上也不例外，签了名，就一定写上那几个字。他因此被同事叫做“每桶 4 美元”，而他的真名倒没有人叫了。

公司董事长洛克菲勒知道这件事后说：“竟有如此努力宣扬公司声誉的职员，我要见见他。”于是，洛克菲勒邀请阿基勃特共进晚餐。

后来，洛克菲勒卸任，阿基勃特成了第二任董事长。

也许，在我们大多数人的眼中，阿基勃特签名的时候署上“每桶 4 美元的标准石油”，这是小事一件，甚至有人会嘲笑他。

可是这件小事，阿基勃特却做了，并坚持把这件小事做到了极致。那些嘲笑他的人中，肯定有不少人才华、能力在他之上，可是最后，他却成了董事长。

可见，任何人在取得成就之前，都需要花费很多的时间去努力，不断做好各种小事，才会达到既定的目标。

一个人的成功，有时纯属偶然，可是，谁又敢说，那不是一种必然呢？

恰科是法国银行大王，每当他向年轻人谈论起自己的过去时，他的经历常会唤起闻者深深的思索。人们在羡慕他的机遇的同时，也感受到了一个银行家身上散发出来的特质。

还在读书期间，恰科就有志于在银行界谋职。一开始，他就去一家最好的银行求职。一个毛头小伙子的到来，对这家银行的官员来说太不起眼了，恰科的求职接二连三地碰壁。后来，他又去了其他银行，结果也是令人沮丧。但恰科要在银行里谋职的决心一点儿也没受到影响。他一如既往地向银行求职。有一天，恰科再一次来到那家最好的银行，“不知天高地厚”地直接找到了董事长，希望董事长能雇用他。然而，他与董事长一见面，就被拒绝了。对恰科来说，这已是第 52 次遭到拒绝了。当恰科失魂落魄地走出银行时，看见银行大门前的地面有一根大头针，他弯腰把大头针拾了起来，以免伤人。

回到家里，恰科仰卧在床上，望着天花板直发愣，心想命运为何对他如此不公平，连让他试一试的机会也没给，在沮丧和忧伤中，他睡着了。第二天，恰科又准备出门求职，在关门的一瞬间，他看见信箱里有一封信，拆开一看，恰科欣喜若狂，甚至有些怀疑这是否在做梦，他手里的那张纸是银行的录用通知。

原来，昨天就在恰科蹲下身子去拾大头针时，被董事长看见了。董事长认为如此精细谨慎的人，很适合当银行职员，所以，改变主意决定雇用他。正因为恰科是一个对一根针也不会粗心大意的人，因此他才得以在法国银行界平步青云，终于有了功成名就的一天。

于细处可见不凡，于瞬间可见永恒，于滴水可见太阳，于小草可见春天。上面说的都是一些“举手之劳”的事情，但不一定人人都乐于做这些小事，或者有人偶尔为之却不能持之以恒。可见，“举手之劳”中足以折射出人的崇高与卑微。

一个能够成就大业的人，一定具备一种脚踏实地的做事态度及非凡的耐心及韧性。正是他们对小事情的处理方式，为他们成就大业打下了一个良好的基础。因此古人说：“勿以事小而不为”，选择小事同样可以成就大业。

3. 工作不努力不如回家去种梨

一个人要想轰轰烈烈地干出一番事业，就必须积极地努力、积极地奋斗。成功者从来不等待、不拖延，也不会等到时机成熟了再去行动。他们总是抓住今天，立刻去做。把自己的目标落实到具体的行动之中，锲而不舍地努力，直到走向成功。

曾经有一个衣衫褴褛、满身补丁的男孩，跑到摩天大楼的工地向一位衣着华丽、口叼烟斗的建筑承包商请教："我该怎么做，长大后会跟你一样有钱？"

这位高大强壮的建筑承包商看了小家伙一眼，回答说："我先给你讲一个3个掘沟人的故事。第一个人拄着铲子说，他将来一定要做老板。第二个人抱怨工作时间长，报酬低。第三个人只是低头挖沟。过了若干天，第一个仍在拄着铲子；第二个虚报工伤，找到借口退休；第三个呢？他成了那家公司的老板。你明白这个故事的寓意吗？小伙子，去买件红衬衫，然后埋头苦干。"

小男孩满脸困惑，百思不解其中的道理，只好再请他说明。承包商指着那批正在脚手架上工作的建筑工人，对男孩说："看到那些人了吗？他们全都是我的工人。我无法记得他们每一个人的名字和长相。但是，你仔细瞧他们，只有那边那个晒得红红的家伙，穿一件红色衣服，我很快就注意到，他似乎比别人更卖力，做得更起劲。他每天总是比其他的人早一点上工，工作时也比较拼命；而下工的时候，他总是最后一个下班。就因为他那件红衬衫，使他在这群工人中间特别突出。我现在就要过去找他，派他当我的监工。从今天开始，我相信他会更卖命，说不定很快就会成为我的副手。"

"小伙子，我也是这样爬上来的。我非常卖力工作，表现得比所有人更好。如果当初我跟大家一样穿上蓝色的工作服，那么就很可能没有人会注意到我的表现了。所以，我天天穿条纹衬衫，同时加倍努力。不久，我就出头了。老板注意到我，升我当工头。后来我存够了钱，终于自己当了老板。"

赫胥黎有句名言："人生伟业的建立，不在能知，乃在能行。"它说出了行动的重要性。行动是打开成功之门的钥匙。只有靠自己的双手，行动起来，才能有成功的可能性。因此，要想在事业上出人头地，积极努力地工作是唯一捷径。

四、职场成败，取决于你选择什么样的工作态度

1. 你抱着什么态度入职

一个人成年之后必然要走上社会开始自己的职业生涯，走好职业生涯的第一步是很关键的。因为好的开始是成功的一半。任何人要想取得事业上的成功，最重要的就是正确地迈出成功的第一步。第一步走对了，就会使你以后的工作变得既省时又省力，甚至达到“驾轻就熟”的地步。

一个人告别学校，步入社会，才算作真正走向独立，开始真正的人生之旅。

如果你没有特殊的背景，走入社会后的第一步就是——打工，而且要从最底层开始做起。一般人在这个人生的第一个转型期会感到不适应。本来嘛，在学校里，社会上所发生的一切对你来讲，就像观看电影、电视一样只是耳闻、目睹，并未去亲身体验，现在，你要置身其中，与那些你曾经那么强烈地喜爱、反对、厌恶，当然还有曾漠视过的人和事为伍，与他们同呼吸、共生活，你首先会不自觉地戴着“有色眼镜”来看待这个社会，然后你会失去一颗平常心，你会看到那么多的事情不顺眼，你会感觉到从未有过的压力，你会体会到一个打工者的卑微和无奈……

也许有人说，那有什么关系，如今的社会如此开放，机会如此之多，我可以选择嘛。

是的，你可以选择，但正是由于有这种可以选择的心态——又没长工资，偶然的一次额外的加班，最近有点累，受到了一次不公平的对待，与同事或上司一次小小的误会，工作偶然的不顺心等等情形都可以成为你重新选择的理由。于是我们看到，你不停地在A、B、C……公司之间跳来跳去，十分潇洒地使用自己重新选择的权利。但是，几年之后，你仍是一名最低级的职员，哪怕在一间规模较小的公司里，哪怕是你曾经极端藐视的小小的部门主管，对你来说仍然有缘无分。

如果把一个公司所有打工人员的构成比喻为一座金字塔，高高在上居于塔尖的是总经理，俯在塔底、默默耕耘、人数众多、支撑着塔身的是公司中最为普通的职员。如果你刚刚走入社会，你最容易关注到塔尖上荣光无限的老总们，而常常忽视了这些老总从塔底爬向塔顶的过程。

事实上，无论是谁，包括那些叱咤风云的商场精英都有一个在最低层逐渐适应的过程。但是，谁能尽量缩短这个适应期，正视自己，尽快调整好自己的心态，谁就能脱颖而出。

李嘉诚是当今华人首富，他也早已完成了从打工者到老板的跨越，但我们从他早期经历中仍然能隐约看到一个勤勉、诚实、踏实肯干、爱动脑子的打工者形象。李嘉诚十几岁时就为生活所迫，早早走入社会，他从学徒开始干，几年之中都是作为一个打工者在努力经营着自己，一步一个脚印，二十几岁的他已经是一家工厂的业务经理了。现在不会有人否认李嘉诚是世界上最成功的老板之一，就像当年同样不会有人否认他是香港最好的业务经理、最好的业务员和最好的学徒一样。

不同的人有不一样的机遇和不一样的成功。但有一点是一样的：走好你的第一步，只有这样，你才能在人生的阶梯上步步升高，直至顶点。

2. 培养工作的兴趣

工作是对你的知识、经验、能力的最好的检验。你可以在工作中增强信心，找到一种满足与成就感。你的工作热情越高，决心越大，你的工作效率也就越高。当你全身心地投入工作时，就会工作感到充满了乐趣，你的每一天都会过得充实而快乐。

不管你的处境有多么糟糕，你也千万不能因此而厌恶你的工作。如果因为环境所迫，你不得不做些你不喜欢的工作，你也要设法使工作变得充满乐趣。以这样一种积极的态度工作，你将取得意想不到的良好效果。

工作就是为了使自己获得更多的快乐！如果你把每天 8 小时的工作看作是在游泳，这是一件多么惬意的事啊！

别看有许多人在大公司里工作，他们知识渊博，受过专业训练，每天穿行在写字楼里，工作体面，而且有一份不错的薪水，但他们不一定比你更快乐。他们是孤独的，他们不愿与人交流，他们不喜欢上班，工作也仅仅是为了生存，他们常常因此而忧心忡忡，健康状况十分糟糕。

当你发现把一项工作当成乐趣的时候，你就不要再去更换工作了。而如果你觉得工作压力越来越大，工作对你而言只有紧张、毫无快乐可言时，那就说明你有些地方不对劲了。要想从根本上解决这个问题，你必须从心理上调整自己，否则换一万次工作也是枉然。

如果一个人能以精益求精的态度、火热般的激情，充分发挥自己的特长来工作，那他做什么都不会觉得辛苦。如果一个人鄙视、厌恶自己的工作，那他一定会失败。积极乐观向上的心态和不屈不挠的毅力才是引导人们走向成功的磁石。无论你做的是什么样的工作，都要用100%的热忱去努力。这样，你就可以从平庸卑微的状态中解脱出来，劳碌辛苦将离你而去，你会更多地发现工作中的乐趣，从而更爱自己的工作。

经常听见一些人尤其是一些刚走入社会的大学生抱怨对自己的专业不感兴趣，或者所学专业不够热门，他们的抱怨其实只是他们借口逃避责任的理由，这不仅说明他们对自己不负责，更说明他们是一个对社会也不负责的人。亨利·卡萨，一个伟大的成功者，他的成功不仅是因为他有一个10亿美元资产的大公司，更重要的是他是一个慷慨和仁慈的人，他让许多哑巴学会说话，让许多腿脚残疾的人可以走路，让许多穷人有了医疗保障……而这正是他的母亲在卡萨心里播下的种子。

玛丽·卡萨用自己的言传身教来启发和引导着孩子。每一天，在玛丽结束工作之后，总会义务地花一段时间去做保姆工作，给那些生活在不幸中的人们以帮助。她留给儿子这样一条忠告："不工作，你将一事无成，我除了告诉你要学会寻找工作的快乐之外，什么东西也不能留给你。"

卡萨说："母亲让我明白了热爱他人和为他人服务的重要性，这是我人生之中最有价值的事情。"

假如你也这么做，把你的兴趣和工作结合在一块，就会发现，你工作起来就不会感到辛苦和单调了。兴趣将让你的身体充满活力，哪怕做再多的工作，你也不会感到疲劳。

满足生存需要不应该成为工作的唯一目的，工作更应该成为实现人生价值的途径。无所事事的人生将是悲哀的人生，把你的兴趣放在工作上，你将乐在其中，你的人生也将因为你从事热爱的工作而得到升华。

一个成功的人，他总是把工作当成一件快乐的事，并且，他还乐此不疲地把这份愉悦传递给别人，使人们愿意与他交往和共事。

成功者的共同特点之一就是对自己的工作感兴趣，并且能够全力以赴地投入。正像松下幸之助所说："人生的最大生活价值，就是对工作有兴趣。"做同一件事，有人觉得做着很有趣，有人觉得做着毫无意义，有天壤之别。做不感兴趣的事所感觉的痛苦，仿佛置身在地狱中。假使能把工作趣味化、艺术化、兴趣化，就可以轻松愉快地完成自己的工作，而且也不会觉得辛苦。

爱迪生曾说："在我的一生中，从未感觉在工作，一切都是对我的安慰。"

如果你不能选择自己更喜欢的工作，就要尽力喜欢眼前的工作。

3. 工作中需有些自制力

做事需要有战略眼光，必须小处着手，大处着眼，只有这样，所有的小事才能指向大的目标。而战略眼光的培养，需有很强的自制力。

自制力的培养是个至关重要的问题，坚韧从来就是一个人走向成功的必然因素。富兰克林的侄子波特是一个聪明的年轻人，很想在一切方面都比他身边的人强，他尤其想成为一名大学问家。可是，许多年过去了，波特的其他方面都不错，学业却没有长进。他很苦恼，就去向富兰克林求教。

富兰克林想了想说："咱们去登山吧，到山顶你就知道该如何做了。"

那山上有许多晶莹的小石头，煞是迷人。每见到波特喜欢的石头，富兰克林就让他装进袋子里背着。很快，波特就吃不消了。

“叔叔，再背，别说到山顶了，恐怕连动也不能动了。”他疑惑地望着叔叔。

“是呀，那该怎么办呢？”富兰克林微微一笑。

“该放下。”

“那为什么不放下呢？背着石头怎么能登山呢？”富兰克林笑了。

波特一愣，顿时明白了，他向叔叔道了谢就走了。

从此，波特再也不沉迷于游戏了，一心做学问，进步飞快，终于成就了自己的事业。

其实，人要有所得必有所失，只有学会放弃，才有可能登上人生的最高峰。

一个人要成就大的事业，就要有极强的自制力，不能随心所欲、感情用事，对自己的言行应有所克制，这样才能使错误、缺点减低到最小限度，不致铸成大错。高尔基说：“哪怕是对自己的一点小的克制，也会使人变得强而有力。”德国诗人歌德说：“谁若游戏人生，他就一事无成，不能主宰自己，永远是一个奴隶。”要主宰自己，必须对自己有所约束，有所克制。

自制能力是在日常生活中和工作中善于控制自己情绪和约束自己言行的一种能力。一个意志坚强的人是能够自觉控制和调节自己言行的。一个想要有所成就的人如果缺乏自制力，就好像一辆车失去了方向盘和刹车，必然会“越轨”或“出格”，甚至“撞车”、“翻车”。一个人在完成自己的工作过程中，必然要接触各种各样的人，处理各种各样复杂的事，其中有顺心的，也有不顺心的；有顺利的，也有不顺利的；有成功的，也有失败的，如缺乏自制能力，就无法协调各方面的关系，如此会影响团结，挫伤积极性，甚至因小失大，铸成大错，后悔莫及。这样，当然很难把车驶到目的地了。因此，必须善于克制自己，不使自己的言行出格。

怎样才能培养自己过人的自制力呢？

（1）尽量保持理智。

对事物认识越正确，越深刻，自制能力就越强。古希腊数学家毕达哥拉斯说：“愤怒以愚蠢开始，以后悔告终。”所以对自己的言行失去控制，最根本的就是对这种粗暴作风的危害性缺乏深刻的认识，因而对自己的感情和言行失去了控制，造成了不良影响。

（2）培养坚强的意志。

苏联教育家马卡连柯说过：“坚强的意志——这不但是想什么就获得什么的本事，也是迫使自己在必要的时候放弃什么的本事。……没有制动器就不可能有汽车，而没有克制也就不可能有任何意志。”因此，反过来说，没有坚强的意志就没有自制能力。坚强的意志是自制能力的支柱。意志薄弱的人，就好像失灵的闸门，对自己的言行不可能起调节和控制作用。

（3）用毅力控制爱好。

一个人下棋入了迷，打牌、看电视入了迷，都可能影响工作和学习。毅力，可以帮助你控制自己，果断地决定取舍。毅力，是自制能力果断性和坚持性的表现。列宁是一个自制能力极强的人，他在自学大学课程时，为自己安排了严格的时间表：每天早饭后自学各门功课；午饭后学习马克思主义理论；晚饭后适当休息一下再读书。他过去最喜欢滑冰，但考虑到滑冰容易消耗人的体力使人过度疲劳，影响学习，就果断地不滑了。滑冰看来是小事，是个人的一个爱好，但要控制这种爱好，没有毅然决然的果断性就办不到。常常遇到这样一些人，嘴上说要戒烟，但戒了没几天就又开始抽了。什么原因呢？主要就是缺乏毅力。没有毅力，就没有果断性和坚持性，自制的效率就不高。可见，要具有强有力的自制能力，必须伴以顽强的毅力。

《四大名捕》中有一个捕快，他捉要犯的时候可以几天不吃饭，如此强的毅力造就了他在江湖响当当的名号。其实很多事情都是这样的，只要我们善于控制自己，有着坚韧不拔的毅力，那么事情就会出现转机。

所有成大事者都有着极强的自制力，他们从不像一般人那样随意放纵自己。不管是在顺境中还是在逆境中，他们都能保持一颗平常心，始终以坚强乐观、不屈不挠的精神做人做事，如此才成就了他们一生的辉煌。

第五章　选择处世之道

——做人做事的方式是一个人立身之本

一个人要立足于社会，就要懂得怎样去为人处世，也就是懂得怎样去处理复杂的人际关系。人际关系的好坏，对你事业、生活的成败有着莫大的影响。处理人际关系需要我们拿捏好一个“度”，为人既要走得正、行得端，拥有真正的“自我”，又要想方设法地赢得别人的认可和喜爱，并能灵活地应对各种各样的人。唯有如此，你才会拥有顺畅、良好的人际关系。它对你的事业、生活将会起到良好的推动作用。

一、品德是做人的关键

1. 善以待人，谦以处世

世事有光明的一面，也有黑暗的一面，能始终用善意处世，黑暗的一面也常会被光明的心地所照耀，逐渐变为光明。

一个人想成为一个堂堂正正的人，以下三种品质是必不可少的，否则，绝对不能走向成功。

第一是友善待人。一个人的成功固然离不开能力和智谋，但缺少优良品质的智谋往往是为自己招灾惹祸的阴谋诡计。友善待人是自身品质中应有的一条。友善可以呼唤起人性、拉近人与人之间的距离。

有一位姑娘好不容易找到一份在高级珠宝店当售货员的工作。一天，店里来了一位衣着破旧、满脸忧愁的30岁左右的顾客，用一种贪婪的目光，盯着那些高级首饰。

姑娘接电话时不小心把一个碟子碰翻，六枚精美的钻石戒指洒落在地上。她慌忙捡起其中的5枚，但第6枚怎么也找不着。这时，她看到那个男子正向门口走去，她顿时意识到戒指是被他拿去了。

于是，她小声叫道："对不起，先生。"

那男子转过身来，两人对视了一会儿。

"什么事？"男人问。

"先生，这是我头一份工作。现在找个工作很难，想必您也深有体会，是不是？"姑娘神色黯然地说。

男子看了她很长时间，终于一丝微笑浮现在脸上。他说：“是的，确实如此。但是我能肯定，你在这里会干得不错。我可以为你祝福吗？”他走过去，把手伸给姑娘，显然是想把钻戒还给她。

“谢谢你的祝福。”姑娘立刻握住他的手，十分柔和地说，“我也祝您好运！”

一件看来很棘手的事件在友善的作用下解决了，而且双方的人格都得到了提升。

第二是待人之谦。想成为一个完美的人，就要能自觉地处处谦虚对待每一个人。

只有谦虚，才会被人真心接纳；才有机会采人之长而补己之短；才会兢兢业业，从小事做起，严格要求自己，从品质上不断完善自己。

谦虚就是懂得人生无止境，事业无止境，知识无止境，知之为知之，不知为不知。“海不辞滴水，故能成其大；山不辞土石，故能成其高”，有谦才有容，有容方成其大。

第三是始终尊重人。每个人都希望自己能得到鲜花、掌声、赞美，不希望被别人贬低、嘲笑、责备。

林肯曾在《斯普林菲尔德日报》上写匿名信讽刺一位名叫詹姆斯·希尔兹的政治家。这人自命不凡，凶猛好斗，当他查出信的作者时，马上去找林肯，要求与他决斗。林肯不想应战，因为他反对决斗。但为了保住荣誉，他不得不同意决斗。在约定好的那天，他与希尔兹来到密西西比河的沙堤上，准备决一死战，幸亏在最后一刻，他们的助手尽力阻止了决斗。

这是林肯一生中最惊心动魄的个人事件。这件事让他明白了一个做人的道理，他从此再也没有写过侮辱人的信，再也没有嘲笑过人，几乎再没有为任何事情责怪过任何人。

在生活中，我们最好不要去抱怨、责备别人。同时，面对别人的抱怨、责怪时，我们要尽量宽容。

美国前总统老罗斯福之所以能成为很有作为的政治家，跟他的宽容心是分不开的。他从不轻意发怒，也不为面子问题与人斤斤计较。

早年，当他还是一位牧场的主人时，常常出外打猎。他为了提高自己狩猎的能力，写信请一位著名的猎人来做教师。那封信的末尾说："如果我去猎一只山羊，能够如愿以偿吗？"猎人毫不客气地写了一封回信说："如果你的狩猎技术没有你写信的技术高明的话，那么即使是看见山羊从你面前走过，也休想碰掉它的一根毫毛。"

罗斯福收到信后，立刻打了一个电报，请那位猎人马上前来。他认为猎人说的是实话，虽然实话不如媚人之语那般动听，却能给他带来真正的教益。

关于做人的内容当然不止上述三条，但这三条是最基本的。能做好这些，已可在社会上自立了。

2. 让豁达大度成为你的姿态

豁达大度、和以处众是一个人有修养的表现。有句俗话，叫做"宰相肚里能行船"。人们都把那些具有像大海一样宽广胸怀的人看做是值得敬仰的人。

个人是否具有"豁达大度"之心胸并非小事，它不但关系到自己的工作、学习乃至自己的生命和健康，而且关系到事业的兴衰与成败。

我们生活在社会群体中，人与人之间发生矛盾、产生误解是常有的事。如何处理好这方面的问题，我们的祖先留下了许多闪光的思想和可供借鉴的经验。明代朱衮在《观微子》中说过："君子忍人所不能忍，容人所不能容，处人所不能处。"以宽厚的态度待人，并非软弱无能，而是自信的表现，是正义的行为。尤其是"以德报怨"的高风亮节，可以使人反躬自问，心悦诚服。史书上记载了许多“以德报怨”的感人故事。

梁国有个叫宋就的人，在一个边县当县令，这县和楚国交界。梁国的边亭和楚国的边亭都种瓜。梁亭的人勤劳，多次浇灌，瓜的长势很好。楚亭的人很懒惰，不常浇灌，瓜长得不好。楚令因梁瓜长得好，恼恨自己的瓜长得不好。楚亭人也恼恨梁亭人比自己强，因此夜间就偷偷地去毁坏梁亭的瓜，把瓜藤都给糟踏了。梁亭人发现后，就去请示他们的县尉，也想进行报复，偷偷地毁坏楚亭的瓜藤。县尉请示宋就，宋就说：“怎么可以这样干呢！和人结怨，是招祸的行径，人家对我们不好，我们对人家也不好，这是多么狭隘呢！你们若听我的教导，就每夜派人偷偷地去为楚亭浇瓜，不要让他们知道。”于是，梁亭人就星夜偷偷地去浇灌楚亭的瓜，楚亭的人早上到瓜地一看，都已浇过了，瓜的长势一天比一天好。楚亭的人很奇怪，就去注意观察，原来是梁亭人干的。楚国的县令听说了，非常高兴，就把这事报告了楚王。楚王听说后，感到很惭愧，就用重礼对梁王表示感谢，并请交好。

《续汉书》中记载了曹腾的父亲曹阴“以德报怨”的故事：他的邻居喂了头猪，长得和曹家喂的猪模样相似。有一天，邻家的猪跑丢了，他便到曹家来认，说曹家这头猪就是他家丢的那头猪。曹阴心里知道他搞错了，却不和他争辩，二话没说，就让他把猪牵走了。后来，邻家的猪又自己跑回来了，他这才知道弄错了，心中很惭愧，赶忙把猪赶还曹家。这时曹阴仍是二话没说，只是微笑着接受了。曹阴的态度和气量，对丢猪的邻居是一种无声的感染和教育。

有的人遇事想不开，甚至为芝麻粒大的事，也吃不好饭，睡不好觉，自己折磨自己。也有的人觉得谦让“吃亏”、“窝囊”，因而在非原则矛盾面前，总以强硬的态度出现，甚至大动干戈，结果非但使矛盾不能缓解，而且丢了自己的人格。因而每一个人都应培养自己“豁达大度”的美德。

有一句话说：忍一时风平浪静，退一步海阔天空。这说明在为人处世、人际交往之中，当以宽大为怀，忍己心之不快，宽他人之小过，是为君子风度，也是交际素质的最全面展现。

多一分宽容，就多一分快乐；多一分宽容，也就多一分真诚。

在人际交往中，保持宽大的胸怀，全面展现自身的交友素质，这样你就会获得朋友，在人生事业上助你一臂之力。

法国大作家雨果说得好："世界上最宽阔的东西是海洋，比海洋更宽阔的是天空，比天空更宽阔的是人的胸怀。"让我们都来做一个具有大度能容、和以处众的人吧！

3. 坦诚是你最大的财富

人无论做什么事都要抱着一种求真务实的态度，因为任何人都讨厌虚伪、欺骗、谎言。诚实与正直是人类最崇高的美德。

做人要遵守许多定律，有一种因果定律这里必须着重介绍。这个定律是美国著名的行为科学家丹尼斯·韦特莱博士提出来的。他认为"因果定律法则"就是说一个人的诚实与否会由经过一段时间后所显示出来的结果来体现。一个人不能诚实地面对自己，就无法真正拥有成功。用蜡塑成的人或房子，在某些情况下会融化。内心不诚挚的人，最终必将显露真面目。事实也是如此。

埃及曾有一位贤明而受人爱戴的国王，把国家治理得井井有条，人民安居乐业。国王渐渐老了，但没有孩子，便很伤心。于是决定在全国范围内挑选一个孩子收为义子，培养成自己的接班人。

国王选子的标准很独特，他给孩子们每人发一些花种子，宣布谁如果用这些种子培育出美丽的花朵，那么谁就将成为他的义子。

孩子们领回种子后，精心地培育，从早到晚，浇水、施肥、松土，谁都希望自己能够成为幸运的人。

其中有个男孩，也精心地培育花种。但是十天过去了，半个月过去了，一个月过去了，花盆里的种子却连芽都没冒出来，更别说开花了。苦恼的孩子去请教长辈，长辈建议他把土换一换，但依然无效，长辈也束手无策了。

国王决定的日子到了。无数个穿着漂亮衣裳的孩子们涌上街头，他们各自捧着盛开着鲜花的花盆，用期盼的目光看着缓缓巡视的国王。国王看着争奇斗艳的花朵与精神漂亮的孩子们，并没有想象中的那样高兴。

忽然，国王看见了端着空花盆的男孩。他无精打采地站在那里，眼角还有泪花。国王把他叫到跟前，问他："你为什么捧着空花盆呢？"

孩子抽咽着。他把自己如何精心培育，但花种怎么也不发芽的经过说了一遍，还说，他想这是惩罚，因为他曾在别人的花园中偷过一个苹果吃。没想到国王的脸上却露出了最开心的笑容，他把男孩子抱了起来，高声说："孩子，我找的就是你！"

"为什么是这样？"大家不解地问国王。国王说："我发下的花种全部是煮过的，根本就不可能发芽开花。"捧着鲜花的孩子们都低下了头，因为他们全部换了种子。

看到这里，你也会要问："为什么是这样？"为什么是没有培育出鲜花的孩子成为王位继承人？说到底花种不过是一块试金石，国王用它是为了试试谁是诚实的人。因为只有诚实的人才可担当大任，只有诚实的人才值得信赖。所以，一个人要成功，他就必须坚持不懈地追求诚实。

一个人失去了诚实的品格，他就会像一艘在大海中失去了方向的大船，随风飘荡，自己无法掌控自己；一个人失去了诚实的品格，他就会成为一个没有法律、没有规则、没有秩序的人。

诚实作为人性中第一美德，懂的人多，做的人却极少。有些人喜欢用诚实来装饰外表，而内心总在欺骗别人。表里不一的人，虽能取巧于一时，终究难行久远，难成大器。

真诚会带来以下好处：

（1）减少双方猜忌的机会，降低彼此误解的几率。

（2）双方都不必费心费力在“算计”、“折磨”、“对付”等没有意义、不具建设性的事情上，较容易集中重点、讨论问题并达成共识。

（3）维持声望、维护名誉，并保有未来被信任的筹码。

（4）自己表里如一，不必为一再圆谎而辛苦，心情愉快，待人处世就自然多了，也容易和别人沟通。

二、做最好的自己

1. 只为自己活

听取和尊重别人的意见固然重要，但无论何时千万不要人云亦云，做别人意见的傀儡，否则你不但会在左右摇摆不知所往中身心疲惫，失去许多可贵的成功机会，有时还会失去自己。做自己认为对的事，成自己想成的人，无论成败与否，你都会获得一种无以伦比的成就感和自我归属感。正如但丁的那句豪言：走自己的路，让别人说去吧！

有个人一心一意想升官发财，可是从年轻熬到斑斑白发，却还只是个小公务员。这个人为此极不快乐，每次想起来就掉泪，有一天竟然号啕大哭起来。

一位新同事刚来办公室工作，觉得很奇怪，便问他到底为什么难过。他说："我怎么不难过？年轻的时候，我的上司爱好文学，我便学着作诗、学写文章，想不到刚觉得有点小成绩了，却又换了一位爱好科学的上司。我赶紧又改学数学、研究物理，不料上司嫌我学历太浅，不够老成，还是不重用我。后来换了现在这位上司，我自认文武兼备，人也老成了，谁知上司又喜欢青年才俊，我……我眼看年龄渐高，就要退休了，一事无成，怎么不难过？"

可见，没有自我的生活是苦不堪言的，没有自我的人生是索然无味的，丧失自我是悲哀的。要想拥有美好的生活，自己必须自强自立，拥有良好的生存能力。没有生存能力又缺乏自信的人，肯定没有自我。一个人若失去自我，就没有做人的尊严，就不能获得别人的尊重。

活着应该是为了充实自己，而不是为了迎合别人的旨意。没有自我的人，总是考虑别人的看法，这是在为别人而活着，所以活得很累。有些人觉得：老实巴交，会吃亏，被人轻视；表现出众，又引来责怪，遭受压制；甘愿瞎混，实在活得没劲；有所追求吧，每走一步都要加倍小心。家庭之间、同事之间、上下级之间、新老之间、男女之间……天晓得怎么会生出那么多是是非非。你和新来的男同事有所接近，有人就会怀疑你居心不良；你到某领导办公室去了一趟，就会引起这样或那样的议论；你说话直言不讳，人家必然感觉你骄傲自满、目中无人；如果你工作第一，不管其他，人家就会说你不是死心眼太傻，就是有权欲野心……凡此种种飞短流长的议论和窃窃私语，可以说是无处不在、无孔不入。如果你的听觉视觉尚未失灵，再有意无意地卷入某种漩涡，那你的大脑很快就会塞满乱七八糟的东西，弄得你头昏眼花、心乱如麻，岂能不累呢？

从前，有一个士兵当上了军官，心里甚是欢喜。每当行军时，他总喜欢走在队伍的后面。

一次在行军过程中，他的敌人取笑他说："你们看，他哪儿像一个军官，倒像一个放牧的。"

军官听后，便走在了队伍的中间，他的敌人又讥讽他说："你们看，他哪儿像个军官，简直是一个十足的胆小鬼，躲到队伍中间去了。"

军官听后，又走到了队伍的最前面，他的敌人又挖苦他说："你们瞧，他带兵打仗还没打过一个胜仗，就高傲地走在队伍的最前边，真不害臊！"军官听后，心想：如果什么事都得听别人的话，自己连走路都不会了。从那以后，他想怎么走就怎么走了。

人要是没了自己的主见，经不起别人的议论，那么就会一事无成，最后都不知该怎么办。我们若想活得不累，活得痛快、潇洒，只有一个切实可行的办法，就是改变自己，主宰自己，不再相信“人言可畏”。

我们每个人绝无可能孤立地生活在这个世界上，几乎所有的知识和信息都要来自别人的教育和环境的影响，但你怎样接受、理解和加工、组合，是属于你个人的事情，这一切都要独立自主地去看待、去选择。谁是最高仲裁者？不是别人，而是你自己！歌德说：“每个人都应该坚持走为自己开辟的道路，不被流言所吓倒，不受他人的观点所牵制。”让人人都对自己满意，这是个不切实际、应当放弃的期望。

我们周围的世界是错综复杂的，我们所面对的人和事总是多方面、多角度、多层次的。我们每个人都生活在自己所感知的经验现实中，别人对你的反映大多有其一定的原因和道理，但不可能完全反映你的本来面目和完整形象。别人对你的反映或许是多棱镜，甚至有可能是让你扭曲变形的哈哈镜，你怎么能期望让人人都满意呢？

如果你期望人人都对你看着顺眼、感到满意，你必然会要求自己面面俱到。不论你怎么认真努力，去尽量适应他人，能做得完美无缺，让人人都满意吗？显然不可能！这种不切合实际的期望，只会让你背上一个沉重的包袱，顾虑重重，活得太累。

一位画家想画出一幅人人见了都喜欢的画。画毕，他拿到市场去展出。画旁放一支笔，并附上说明：每一位观赏者，如果认为此画有欠佳之笔，均可在画中涂上记号。晚上，画家取回画，发现整个画面都涂满了记号——没有一处不被指责。画家十分不快，对这次尝试深感失望，他决定换一种方法去试试。画家又摹了一张同样的画拿到市场上展出。可这次，他要求观赏者将其最为欣赏的妙笔标上记号。当画家再取回画时，画面又被涂遍了记号，一切曾被指责的笔画，如今却都换上了赞美的标记。

我们无法改变别人的看法，能改变的仅是我们自己。每个人都有每个人的想法，每个人都有每个人的看法，不可能强求统一。我们应该把主要精力放在踏踏实实做人上、兢兢业业做事上、刻苦学习上。改变别人的看法总是艰难的，改变自己总是容易的。

有时自己改变了，也能恰当地改变别人的看法。光在乎别人随意的评价，自己不努力自强，人生就会苦海无边。别人公正的看法，应当作为我们的参考，以利修身养性；别人不公正的看法，不要把它放在心上，记住：你有选择自己生活的权利，你应该成为自己命运的主宰。

2. 不要活在别人的价值观里

也许，你在工作上是一个全心投入的人，而且几乎是到了鞠躬尽瘁的地步。主管交给你的任务，你从来不打马虎眼，要求你额外超时加班，你也毫无怨言。同事拜托你的事，不管是不是你分内的职责，你总是不忍拒绝。其实，你早已忙得分身乏术，焦头烂额，但你还是强打精神说："没事！没事！"没有人知道你累得半死，但是，你就是不愿开口对人说"不！"

大多数的时候，我们是碍于情面而不敢说"不"，或者因为不好意思说"不"，结果很多原本明明不该是自己的事，统统落在自己头上。要不就是所做的事大大超过自己的能力负荷，让自己面临崩溃的边缘。

做老板的都喜欢全力拼搏的员工，但你可知道，如果你一心讲究牺牲奉献，处处想讨好别人，做一般人心目中的模范员工，最后你可能会丧失自我。

最明显的现象莫过于，你总是强迫自己做一些你并不想做的事，即使有不满的情绪，你也强忍去做。你认为别人把这些事情交给你做，是因为看得起你，信任你的能力。如果你一旦拒绝，别人就会怪罪你，批评你不善于与人合作，使你产生一种罪恶感。总而言之，你不希望你的印象被别人大打折扣。

在一个团体中，这种“讨好”的心理是可以理解的。行为心理学家称这种举动为“寄生依赖者”——企图凭借外在的人和事来提升自我的价值。然而，行为心理专家发现，绝大多数寄生依赖者都不快乐，他们内心很容易焦虑。这种人往往过度依赖别人的期望，活在别人的价值观里，渴求别人赞美来寻求自己的定位。如果不能得到好评，他们就会自责，怀疑自己是不是出了什么差错？根据分析，很多“工作狂”都是寄生依赖者。他们每天工作动辄超过十几个小时，就连节假日也不放过，他们兢兢业业，牺牲了个人的休闲以及与家人相处的时间。在他们全心全力投入工作之际，却日渐疏离了与家人的关系。这种过度依存于工作的工作狂，就像是沉迷于赌博或宗教信仰一样，行为完全被控制。

对工作狂而言，一旦不必工作，拥有了自由，就好像是遭人遗弃。所以，任何事他都想一手包办，那样可以让他觉得被人爱戴，代表自己是不可或缺的。你劝他：“何必那么累？有些事可以交给别人做嘛!”他会用更坚定的语气回答你：“我不做不行！除了我，还有谁能做?”表面看来，工作虽然是束缚，捆绑他动弹不得，其实反而让他觉得安慰，令他产生被人关心、被人需要的满足。因为他相信，当他工作卖力的时候，别人才会注意到他的一言一行。

还有的人，则是缺乏自信，担心拒绝别人，好像就表示自己太懒惰，太不通情理，会遭受责骂。他们害怕别人的权威，为了博取好感，维持与别人的关系，即使是无理的要求，也只得点头说“好”。

心理专家同时指出，比较起来，女性似乎比男性更容易成为寄生依赖者。因为女性从小就被教导要“服从”、“听话”、“温顺”，当别人有所要求时，“拒绝”是一种不礼貌的行为。因此，很多女性长大以后，周旋在丈夫、儿女、公婆、老板之中，她们极力扮演好各种角色，处处讨好别人，一旦她们发现自己力不从心，就会陷入极度沮丧的情绪中。

事实上，我们常常过度在乎自己对别人的重要性。我们常常听到调侃别人的一句话："没有你，地球照样在转动。"这句话的意思是说，没有什么人是不能被取代的。如果你把每一件事都看成是你的责任，妄想完成每一件事，这根本是在自找苦吃。你真正该尽的责任是，对你自己负责，而不是对别人负责。你首先应该认清自己的需求，重新排列价值观的优先顺序，确定究竟哪些对你才是真正重要的。把自己摆在第一位，这绝不是自私，而是表明你对自己的认同。

你虽然赞成这种说法，可是你觉得还是有些为难，你不知道该如何开口说"不"。真有那么困难吗？其实那是我们人生的本能。心理学家说，人类所学的第一个抽象概念就是用"摇头"来表示"不"，譬如，一岁多的幼儿就会用摇头来拒绝大人的要求或者命令，这个象征性的动作，就是"自我"概念的起步。

"不"固然代表"拒绝"，但也代表"选择"，一个人通过不断的选择来形成自我，界定自己。因此，当你说"不"的时候，就等于说"是"，你是一个不想成为什么样子的人。

勇敢说"不"，这并不一定会给你带来麻烦，反而是替你减轻压力。如果你现在不愿说"不"，继续积压你的不快，有一天忍耐到了极限，你失控地大吼："不"，面对难以收拾的残局，别人可能会反过头来不谅解地问你："你为什么不早说？"

如果你想活得自在一点，有时候，你可以勇敢地站出来说"不"。记住，你不必内疚，因为那是你的基本权利。

3. 不要丧失自我

要想让自己被别人喜欢，就要培养些自己喜欢的特质，只为了这些特质本身和你自己而培养，千万不要为了留给别人深刻的印象而培养。这些特质对你是相当珍贵的，如果你真的希望某个人做你的朋友的话，他就应该喜欢你的这些特质，诸如相貌、魅力、才能和影响力等，这些东西本身没有好坏之分，除非你懂得怎么驾驭它，别人可能会喜欢你，也可能会讨厌你——完全看你如何驾驭这些资产。在现实中，不是有很多并不美丽出众、也不富有的人，但他们却比别人拥有更多的亲密朋友吗？关键是他们拥有让自己喜欢的特质。

（1）学会如何自处。如果你能享受独处的快乐，那么你找朋友的动机将完全出自于真心，而非软弱。你打电话给朋友约他吃饭，只因为你想看他，而不是因为你无法忍受一个人单独吃饭。你的朋友会觉得你真心地喜欢他，看重他，而不是只想依赖他。对那些想找个真心朋友，而不只是找个比他更脆弱的朋友的人而言，你将变得更可爱。

（2）培养欣赏他人个别差异的能力。要讨好别人，得先学会怎么讨别人的好。不同的人，就有不同的特点足以让人尊重和钦佩。因此你必须找出每个人独特的地方并且欣赏它。我们常常习惯把人分类：30岁的、50岁的，工人、干部，男人、女人等，而且认为只有少数人是和自己同一类的，这样一方面限制了你和其他类型的人相处，另一方面不能让自己面对一个人真正的面目，而让人觉得你喜欢的是这个人所属的类别，而并非喜欢他本人。所以不要让你的朋友觉得你把他纳入了某个类别。不要把人分类，不要给他们贴上“出众的”、“平凡的”、“和我们同一类的”或“和我们不同类的”标记。

（3）培养享乐的能力。如何使自己得到更多乐趣呢？应尽量让自己参与周围发生的事情。如果你一直当个旁观者的话，你会觉得自己并不重要，周围发生的事情也不重要。我们要不断地寻找愉快的经验，期待它们的发生，如果真的发生的话，就好好庆祝一番，并常常重温这种经验，不断增强愉快的感觉，对可能发生快乐的事情，千万不要踌躇不前。

（4）对你重要的事情，如果你和别人持相反的意见，就准备面对他们。毫无主见，唯唯诺诺是不被人喜欢的特质。在关键时候，要勇于表明自己的观点与主张，这样你不仅能更了解自己的目的，也让别人知道你坚强的信念和强烈的感受。

（5）培养“同情”别人感受的能力。“同情”别人的感受，就是把自己放在别人的位置，去体验他在某个特殊情况下的感觉，即所谓“设身处地”之意。譬如，你记得你的亲人生病时自己那种无助的感觉，你就会体会你朋友的家人正在医院手术时他焦虑不宁的感受，并且会自然地关怀体贴他，尽力帮助他。这不仅使你的朋友得到安慰，也使你的生活更丰富，和别人的生活更有密切的关系，也将使你更可爱。

（6）学习支援你的朋友。叔本华说：“每个人都懂得同情别人的悲伤，但只有天使才会同情别人的快乐。”尽量让自己拥有这种天使的特质。为什么很多人看到别人成功的时候，无法和他一起分享快乐呢？是因为你的嫉妒与恐惧作怪，它使你更缺乏信心和安全感，时刻担心自己不如别人那么“好”，或害怕他会抛弃你，你越将这种恐惧表现在行动中，就会不仅不被别人称赞，还有意无意地轻视或破坏朋友的努力，就会使自己的前途越来越淡，人际关系也越来越差。

（7）最后谨记：你是由自己创造的，所以你可以把自己塑造成理想的自我。你是自己生活背后的推动力，别人也是他自己生活背后的推动力。你不必把自己看成牺牲品，也不用把别人看成牺牲品，你享有同样多的自我创造能力，这种力量将使你和别人同样可敬。

要得到别人的喜欢，你必须培养自己的特质，但你必须确定自己不是只有和喜欢的人在一起的时候才这样做，而是不管你碰到谁，都采取这一种方式。

不要用讨好别人的方式使别人喜欢你，尝试讨好自己，以行动维护和增强你所相信的价值，你将感觉到别人喜欢你——因为你做了正确的事情。

比方说，你非常重视对朋友的真诚，你原来答应帮一个朋友搬家的，但后来又有一个朋友请你赴宴，如果你答应赴宴的话，即使玩得很愉快，也会觉得自己不再像以前那样受自己尊敬。如果你婉拒他的邀请，你将更尊敬自己，觉得自己更可爱，并觉得自己赢得了别人的喜欢。

单是被别人喜欢还不够。要讨别人喜欢，正确的方法是靠你做一些“吸引人”的事情，这些事情对你来说非常自然，也极富吸引力，否则不管别人怎么喜欢你，你也无法获得温暖，我们不应该有那种事事讨好别人的心理，我们应该学会对自己好一点，因为你是为自己而活。

三、方圆处世让你稳居高峰

1. 清高孤傲让你孤立无助

人们常常注意到的所谓清高、孤傲与怠慢其实是一种自私心理，通常这三者是结合在一起的。它们相互作用的结果往往使你孤陋寡闻，而其中危害人最深的则是傲慢。

傲慢是粗俗。它哗众取宠、盛气凌人，往往摆出“趾高气扬，不可一世”的俗态。

傲慢是无知。它庸俗浅薄，狭隘偏见，表现出夜郎自大的心态，是虚荣和一知半解结合的怪物。

傲慢是愚蠢。它故作高深，附庸风雅，其实是井底之蛙的仰望，是矫揉造作的不高明的表演。

傲慢是自负。它会使人觉得难于接近，只得敬而远之，或避而躲之。

傲慢是流沙。常常导致事业的失败。

中国的传统文化素来鄙视傲慢，崇尚平等待人。一般来说，才学丰富见多识广的人就会越谦虚；文化越低，气量越小的人就会越傲慢，被奉为千古宗师的孔子说过这样的话：不要强不知以为知，要知之为知之，不知为不知。莫忘三人行必有我师。谦逊的态度会使人感到亲切，傲慢的态度使人感到难堪。

相传南宋时江西有一名士傲慢之极，凡人不理。一次他提出要与大诗人杨万里会一会。杨万里谦和地表示欢迎，并提出希望带一点江西的名产配盐幽菽来。名士见到杨万里后开口就说：请先生原谅，我读书人实在不知配盐幽菽是什么乡间之物，无法带来。杨万里则不慌不忙从书架上拿下一本《韵略》，翻开当中一页递给名士，只见书上写着“豉，配盐幽菽也”。

原来杨万里让他带的就是家庭日常食用的豆豉啊！此时名士面红耳赤，方恨自己读书太少，后悔自己为人不该太傲慢。

要做到不傲慢需要注意做到如下两点：一是认识自己，二是平等待人。防止傲慢首先要认识自己。一个人要正确认识自己是很不容易的。傲慢的人要么自以为有知识而清高，要么自以为有本事而自大，要么自以为有钱财而不可一世，要么自以为有权势而压人。殊不知，天外有天，人外有人，还有能人在前头。人贵有自知之明。古今中外成大事业者，都是虚怀若谷，好学不倦，从不傲慢。宋代文学家欧阳修，其晚年的文学造诣可说是达到了炉火纯青的地步，但他从不狂妄自大，仍一遍遍修改自己的文章。他的夫人怕他累坏了身体，劝他说：“何必这样自讨苦吃？又不是小学生，难道还怕先生生气吗?”欧阳修回答说：“不是怕先生生气，而是怕后生笑话!”虚心自知，才是医治傲慢的一剂良方。

与人交往一定要做到平等待人。平等待人不仅是文明礼貌的行为，也是人品修养的天平。平等待人是针对傲慢无理而言的。它要求人们在社会交往中，不管彼此之间的社会地位和生活条件有多大的差别，都一视同仁。不要做趋炎附势的小人。古人说“不谄上而慢下，不厌故而敬新”，就是告诉我们待人时不应用卑贱的态度去巴结逢迎有权势、有钱财的人，而怠慢经济条件较差、社会地位不高的人。人本无高低贵贱之分，每个人都有自己的人格，人格作为人的一种意识和心理深深地附着在每一个人的身上，并时时加以维护。人格的基本要求是不受歧视，不被侮辱，即要求平等。

傲慢之人必是无礼之人，无礼之人必将遭到别人的厌弃。如果你不愿遭到别人的反感、疏远，那你就切勿傲慢和过分强调自我。如果人人都注意加强品德修养，人人都谨防傲慢，那将会使我们的人际关系更加和谐，使我们生活得更加幸福和愉快。

2. 与人打交道，耐心最重要

与人打交道，要有充分的耐心。每个人都是一个特殊的存在，一个不同的灵物。每个人都有正当的权利要求生存空间，争取受教育权、财产权以及与个人相关的所有权利。

与人打交道，要有充分的耐心。每个人都有他们自己的个性、习惯和认知水平，这会和我们相去甚远，以至格格不入。但这是他们自己的事，我们无权过问，无必要过问。

与人打交道，要有充分的耐心。每个人都有他们生存的小圈子，工作、事业、爱情和消闲。这种特定的工作、爱情、事业和消闲的小地域和小圈子，会形成不同的人际关系和社会集团。这会使不同的人有着不同的立场、观点和看待事物的态度，也会增加人们相处的障碍和取得一致立场的难度。

仅从上面三点来看，他人与我们有着那么多的不同、差异和对立，在这种情况下，我们要想和他人相处，已是很困难的了，再加上我们主观的情绪、愚妄和不明事理，我们与他人相处就更难上加难了。而且有些人有一个很大的癖好，即，总爱将自己的观点、意志、愿望、是非强加于人，他们总是从自己的视点出发，完全主观地判断是非、褒贬善恶和要求利益，这不仅使他人极端反感和反对，也使他们更加深了对他人的不良看法，把人与人竞争的死结拉得更紧。在他们眼里，他人成了地狱（法国哲学家萨特就说：他人即是地狱。萨特的“他人即是地狱”，带有很强的二战情结）。他人的个性不好，习惯不好，素质很差，没有文化，价值观不对，各种能力都很低，包括爱人和被爱的能力。这些人形成的社会团体和势力就当然是黑暗和反动的了。因此，暴力斗争是与他人相处的主要手段。

其实，这完全是我们的一种妄断。他人并非恶魔，他们也是血肉之躯，也有妻室儿女，活着也不容易。我们和他们完全一样。只要我们不把我们自己的原则和标准强加于人，只要我们不带有色眼镜看人，我们会发现，他人并非我们的敌人，他们也很可爱，和我们一样能说会道，有创造力，也同情别人和富于良知。当我们这样地看待问题，我们的仁爱之心便会萌生出来，我们会将仇恨转化成爱。只要我们主动地爱他人，人际关系就会美好起来，世界就显得光明，人类充满了美好的未来。

总之，与他人打交道，我们要有充分的耐心、忍耐和宽容。我们不仅要能和那些与我们志趣相投的人相处和交朋友，也要能和那些与我们志趣较远的人相处和交朋友，甚至还要和那些与我们志趣完全不同的人相处和交朋友。古人说：道不同，不相与谋（大有远离的意思）。此话可改成：道不同，亦相与谋。道不同，亦能相安。只要大家相互调整，相互适应，人们就可以相互发展，相安无事，人类就美好了。

3. 得了便宜别卖乖

古代有一个叫沈道虔的人，家有菜园，种有萝卜。一天，沈道虔从外面回家时，发现有一个人正在偷他家的萝卜，他赶紧回避开，等那人偷够了离开后他才出来。又有一次，他发现有人在拔他屋后的竹笋，沈道虔便让人去对拔竹笋的人说："这笋留着，可以长成竹林。你不用拔它，我会送你更好的。"他让人买了大笋去送给那人，那人羞惭地没有接受，沈道虔就让人把大笋直接送到了那人家里。沈道虔家贫，常带着家中小孩去田里拾麦穗。偶尔遇上其他拾麦穗的人相互争抢麦穗，他就把自己拾到的全部给争抢的人，争抢的人非常惭愧，反而又让给他。

古人沈道虔的行为，表面看来，无是无非，甚至显得窝囊懦弱，但实际上，却显出了他宽大厚道的为人，而这种宽厚的行为，也为他赢得了尊重和补偿。

在现实生活中，如果我们得理也饶人，甚至主动宽容别人的过错，也许会更好地实现自己的目的。

有位社交界的名人——戴尔夫人，来自长岛的花园城。戴尔夫人说："最近，我请了少数几个朋友吃午饭，这种场合对我来说很重要。当然，我希望宾主尽欢。我的总招待艾米，一向是我的得力助手，但这一次却让我失望。午宴很失败，到处看不到艾米，他只派个侍者来招待我们。这位侍者对第一流的服务一点概念也没有。每次上菜，他都是最后才端给我的主客。有一次，他竟在很大的盘子里上了一道极小的芹菜，肉没有炖烂，马铃薯油腻腻的，糟透了。我简直气死了，我尽量从头到尾强颜欢笑，但不断对自己说：'等我见到艾米再说吧，我一定要好好给他一点颜色看看'。

"这顿午餐是在星期三。第二天晚上，我听了一堂为人处世的课，突然意识到，即使我教训了艾米一顿也无济于事。他会变得不高兴，跟我作对，反而会使我失去他的帮助。我试着从他的立场来看这件事：菜不是他买的，也不是他烧的，他的一些手下太笨，他也没有法子。同时也许我的要求太严厉了，火气太大了。所以我不但不准备苛责他，反而决定以一种友善的方式作开场白，以夸奖来开导他。没想到这个方法真的很有效。第三天，我见到了艾米，他带着防卫的神色，严阵以待准备争吵。我说：'听我说，艾米，我要你知道，当我宴客的时候，你若能在场，那对我有多重要！你是纽约最好的招待。当然，我很谅解：菜不是你买的，也不是你烧的。星期三发生的事你也没有办法控制。’我说完这些，艾米的神情开始松弛了。”

“艾米微笑地说：‘的确，夫人，问题出在厨房，不是我的错。’”

“我继续说道：‘艾米，我又安排了其他的宴会，我需要你的建议。你是否认为我们应该再给厨房一次机会呢？’”

“‘呵，当然，夫人，当然，上次的情形不会再发生了！’艾米说。”

“下一个星期，我再度邀人午宴。艾米和我一起计划菜单，他主动提出把服务费减收一半。当我和宾客到达的时候，餐桌上被两束美国玫瑰装扮得多彩多姿，艾米亲自在场照应。食物精美滚热，服务完美无缺，饭菜由四位侍者端上来，而不是一位，最后，由艾米亲自端上可口的甜美点心作为结束。”

“散席的时候，我的主客问我：‘你对招待施了什么法术？我从来没见过这么周到的服务。’”

“她说对了。我对艾米施行了宽容的法术。”

生活中我们常说的一句话就是：得饶人处且饶人，就是不去计较别人的过错，而以宽大的心胸待人处世，久而久之我们就一定会赢得别人的信任和喜爱并进而拥有更多的朋友。

四、与周围的人和事左右逢源

1. 特别人群特别对待

现实中的人大致可以分为四种：内方外方，内方外圆，内圆外方，内圆外圆。和这四种人交往，应根据其秉性灵活应对。

第一种是内方外方的人。

典型代表：宋朝包拯，明朝海瑞。

内方外方的人喜欢直来直去，行事坦率，不会拐弯抹角迎合他人。但他们很讲原则，刚正不阿，办事认真，敢做敢当。

同内方外方的人打交道，首先要以诚相待。他们也乐于和直爽的人交往，不喜欢那些口是心非、阳奉阴违、表里不一的人。与他们相处，也要讲究委婉。内方外方的人喜欢直来直去，往往不加变通，常常会使人难以接受。但一想到他们绝无恶意，就大可放了心。与他们交往也要灵活应对，免得硬碰硬、方对方，伤了和气。

第二种是内方外圆的人。

典型代表：洞明世事的诸葛亮、谦虚自律的曾国藩、汉初张良。

当直来直去会伤害别人自尊心时，当方方正正不能达到满意效果时，有些人会采用变通的策略。明明是正确的，应该义无反顾地坚持，但因为坚持的阻力太大，就采取了灵活变通的手法。他们将高度的原则性和高度的灵活性完美地结合在一起，是一种高超的态度。这些人，就是内方外圆的人。他们洁身自好，处世练达，既有原则性，又有灵活性，在复杂的人际、利益关系中，往往游刃有余。

同这种形态的人交往，首先要谦恭有礼、不卑不亢。内方外圆的人虽然表面随和，但内心却是厌恶粗鲁，仇视邪恶，无礼无理的人是不能和这类人结为至交的。如果想缩短同这类人的心理距离，就必须表现出你的积极、健康、向上的交往心态。耻于见人、低三下四的言行举止，尽量在这些人面前少出现，如此，才能得到这类人的认同。其次要进退有度，内方外圆的人，即使对他人相当反感，也不会把不满情绪表现在脸上。他表面上对你很友好，但他的内心究竟如何却使你捉摸不透。因此，同他们交往，要讲究分寸，把握适度，不要因为他的脸上挂着微笑，就得寸进尺，忘乎所以。

第三种是内圆外圆的人

典型代表：吕布、赵高。

内圆外圆的人与内方外圆的人不同点是，他们一般不会同情弱者，救济穷人，甚至为了私利，还会算计人甚至坑人害人。这种人的代表，当属一些市井无赖，街头小人。由于他们缺少顶天立地的气概，而一旦得志，就会为害巨大，不得不防。

同这类人交往，首先要心存戒备。由于他们内心深处，并无什么必须遵守的做人规则，所以，可能干出表面华丽亮堂、实则损人利己的勾当。对他们的不当做法，应该明确指正，不要因为太爱面子，便不好意思将实情说出口，使自己受委屈。其次要保持距离，有所提防，不要过于相信他们。内圆外圆的人非常清楚自己的缺点，所以也害怕别人不讲义气，不守诺言。因此，和这样的人打交道，要清楚地示意他们：如果你讲信用，那么我就守诺言。在这种做法引导下，能够使他们在正确交际轨道上行驶。

第四种是内圆外方的人。

典型代表：罩着金色光环的贪官、伪君子

内圆外方的人内心黑暗，表面大度。满口仁义道德，实际上一肚子男盗女娼。因为搞言行两张皮，玩弄两面术，所以极具迷惑性。

对于内圆外方的人，不能被他们的表面所迷惑，要注意弄清他们内心深处的真实面目，做到心中有数。由于他们嘴上一套，心里一套，所以和他们打交道，既不能不听他们说的，又不能完全相信他们说的。如何交往，运用什么策略，采用什么方式，说出什么内容，要根据当时情况变通，切不可被他们的"精彩论述"迷住了双眼，进入了死胡同。与这类人交往，首要的任务是根据各个方面的信息，分析出他的真实内心，然后再对症下药，巧妙引导。如此的话，就能够把他们带到正确的交往轨道上来。

我们做事就要与各种各样的人打交道，有好人、有坏人，也有不好不坏的人。我们唯一能做的就是找到对付各色人等的最佳方法，如此才会避免很多不必要的麻烦，也会让自己免受伤害，更重要的是能让我们学会与不同的人相处，从而让自己更加成熟睿智起来。

2. 一定给自己留退路

在人际交往中，我们常常可以发现，有的人能够在交际圈内进退自如，而有的人却常常被动，进退维谷。其原因可能是多方面的。

《红楼梦》中的平儿，虽是凤姐儿的心腹和左右手，但在待人处事方面，始终注意为自己留余地留退路，绝没有犯凤姐儿所说的“心里头只有我，一概没有别人”的错误。更不像凤姐那样把事做绝。平儿对下人决不依权仗势，趁火打劫，而是经常私下进行安抚，加以保护。一方面缓和化解众人与凤姐的矛盾，另一方面顺势做了好人，为自己留下余地和退路。凤姐死后，大观园一片败落，平儿却多次获得众人帮助度过难关，终得回报。

历史的经验和文学名著中人物的结局都告诉人们一个道理：在待人处世中，万不可把事做绝，要时时处处为自己留下可以回旋的余地，就像行车走马一样，你一下走到山穷水尽的地方，调头就不容易，你留有一些余地，调头就容易多了。常言道："过头饭不可吃，过头话不可讲"，很有道理。另外，在大多数情况下要特别注意才不可露尽，力不可使尽，在办任何事的时候，都要多用点"太极推手"的功夫，永远保留一些应变的能力。具体如何留余地，这里提出两大技巧：

在待人方面，承诺别人时，注意使用"模糊语言"，以便自己赢得主动。在回绝别人时，不妨先拖延一下，最好不当面拒绝，答应考虑一下，给自己留点回旋的余地，以便使自己"进退有据"；在批评别人时，特别是有多人在场时，最好"点到为止"，以维护对方的自尊；在与人争论或争吵时，切忌使用"过头话"，把话说绝，要给对方留个面子。

对一些不太好把握的事，千万不要急于表态，东拉西扯，多说点无关痛痒的话；对于不便回答的问题，那就先放一放，免得考虑不周说错了自己受牵连；对那些表面看来无关大局的事，也要含蓄地处理，巧妙地避开疑难之处，免得惹麻烦。另外，对于某些难以回答而又不好回避的问题，不妨含糊其辞，来一番模棱两可的回答，如"可能是这样"、"我也不太了解"等，以给自己留有余地。总之一句话，对于自己办不了的事，能躲就躲，能拖就拖，得过且过，以自己不担什么责任为好。

做人是应该讲究一些方圆之道的。该方则方，该圆则圆。这里所说的"方圆"并不是虚伪、圆滑，而是讲究一些做人、做事的技巧，因为人际关系是最复杂、最微妙的，搞不好会给你的生活、事业带来极大的负面影响，甚至让你一败涂地，因此，学习一些正确的处世技巧应该成为每个人的必修课。

3. 总会遇到各式各样的人

世界之大，无奇不有。人的性格千差万别的，同一种方法，对甲有效，放到乙身上也许完全没有作用。因此，要想和对方搞好关系，离不开细心观察，摸清对方的脾气秉性，如果对方是素食主义者，就不能端上来大鱼大肉。只有不同的人区别对待，才能做到有的放矢，拉近彼此的距离。

（1）对人冷淡的人。

生活中常常有这样一些人，他们往往是我行我素，对人冷若冰霜。尽管你客客气气地跟他寒暄、打招呼，他却总是爱理不理，不会做出你所期待的反应。和这类人打交道，的确让人感到不自在、不舒服。但出于工作、生活的需要，我们往往又不得不与他们来往。那么，在这种情况下，我们要不要为了维护自己的自尊心，也采取一种相应的冷淡态度呢？

从形式上看，似乎他怎样对你，你当然可以以同样的方式去对待他。但是，这种想法是不恰当的。在这种人中，他们的这种冷淡并不是由于他们对你有意见而故意这样做。实际上这是他们本身的性格，尽管你主观上认为他们的做法使你的自尊心受到伤害，但这未必是他们的本意。因此，你完全不要去计较它，更不要以自己的主观感受而判断对方的心态，以至于做出一种冷淡的反应。这样，常常会把事情弄糟。

其实，尽管性格冷淡的人一般说来兴趣和爱好比较少，也不太爱和别人沟通。但是，他们也有自己追求和关心的事。只是别人不大了解而已。所以，在与这类人打交道时，不仅不能冷淡，反而应该多花些工夫，仔细观察，注意他的一举一动，从他的言行中，寻找出他真正关心的事来。一旦你触到他所热心的话题，对方很可能马上会一扫往常那种死板冷淡的表情，而表现出相当大的热情。

与这种人打交道，更多的是要有耐心，要循序渐进，要设身处地为他们着想，维护其利益，逐渐使他们去接受一些新的事物，从而改变和调整他们的心态。这样，也会逐渐地改变他对你的冷淡态度。

（2）傲慢的人。

在日常交往中，还有些人自视清高，目中无人，表现出一副“惟我独尊”的样子。与这种举止无礼、态度傲慢的人打交道，实在是一件令人难受的事情。可是，如果我们不得不与这种人接触，又当如何呢？

有人说，对这种人就必须以牙还牙。他傲慢无礼，我便故意怠慢他。这种做法在适当的时候也许是必要的，但它通常更多地只是一种从感情出发的表现。似乎对方的傲慢清高对我们是一种侮辱，于是，我们也要用这种方式去回击他。而当我们思考一下自己的目的和处境时，则应该寻求某种更适当的方式。因为，如果他傲慢，你怠慢，便很可能使交往无法进行下去，这显然对于你的人际交往不利。

（3）不爱说话的人。

和不爱开口的人交涉事情，是非常吃力的。对方太过沉默，你就没办法了解他的想法，更无从得知他对你是否有好感。

对于这种人，一定要想办法让他说话，最好采取直截了当的方式，让他明确表示“是”或“不是”，“行”或“不行”，尽量避免迂回式的谈话，你不妨直接地问：“对于A和B两种办法，你认为哪种较好？是不是A方法好些呢？”

（4）好出风头的人。

在社会中，“好出风头”的人不少。这种人狂妄自大，自我炫耀，自我表现欲非常强烈，总是力求证明自己比别人强，比别人正确。当遇到竞争对手时，总是想方设法地挤兑人，不择手段地打击人，力求在各方面占上风。人们对这种人，虽然内心深处瞧不起，但是为了顾全大局，为了不伤交往中的和气，往往处处事事迁就他，让着他。这样的做法是不合适的。

中国人总是追求一种和谐，谓之“和为贵”。为了顾全大局，求大同，存小异，在某些方面作一些必要的退让，应该说是一种比较聪明的方式。“和”无疑是必要的，但如何去获得“和”，则有不同的方式。“让”是一条途径，“争”也不失为另一条必要的方式。殊不知，有些争胜逞强的人并不能理解别人的谦让，而以为真是自己了不起，由此而变本加厉地瞧不起别人，不尊重别人。对这样的人，则不能一味地迁就，而应使他知道天外有天，山外有山。迁就只适合那些比较有理智的人，而对于不明智的人，不妨给他点儿厉害，挫挫其傲气。

（5）性情暴躁的人。

性情暴躁的人，通常是那种好冲动、做事欠考虑、思想比较简单、喜欢感情用事、行动如疾风暴雨似的人。和这种人交往时，应该谨慎，否则稍有得罪，他便捶胸顿足，怒不可遏，甚至拳脚相见，实在是不划算。也正是这样，许多人都不愿意和这种性情暴躁的人来往。其实，这是一种对人认识不足的偏见。

当然，性情暴躁是一个缺点，它容易伤害人，并且常常表现为蛮横无理。但是，这种人也有优点，而这正是我们可以利用的重要基础。

首先，这种人常常比较直率。肚子里有什么，也就表现出来，不会搞阴谋诡计，也不会背后算计人。他对某人有意见，会直截了当地提出来。所以，与那些城府较深的人相比，利用这种人更容易些。

其次，这种人一般比较重义气，重感情。只要你平时对他好，尊敬他，视之为朋友，他会加倍报答你，并维护你的利益。所以，和这种人共事，不一定非要那么客套，或讲什么大道理。你只要以诚相待，他必定以心相对。

(6) 草率的人。

草率决断的人，乍看好像反应很快，他常常在交涉进行到最高潮时，忽然做出决断，给人“迅雷不及掩耳”的感觉。由于这种人多半是性子太急了，因此，有的时候为了表现自己的“果断”，决定就会显得随便而草率。

这样的人，经常会“错误地领会别人的意图”，由于他的“反应”太快，常常会对事物产生错觉和误解。没有耐心听完别人的谈话，就“断章取义”，自以为是地做出决断。如此，虽使交涉进行较快，但草率做出的决定，多半会留下后遗症，招致意料不到的情况发生。

和这种人打交道，最好要按部就班地来，倘若你遇到这种人，最好把事情分成若干段，说完一段（一部分）之后，马上征求他的意见，没问题了再继续进行下去，如此才不致发生错误，也可免除不必要的麻烦。

与人打交道要讲艺术，若是对不同的人都采用同一种办法，显然是行不通的。应该针对不同的人对症下药采取不同的方法，如此才会达到交对朋友做对事的效果。

五、扩大自己的交际圈

1. 扩大你的交际圈

“多个朋友多条路。”拓展自己的人际关系，立足于社会，还要尽可能地多交几个朋友。朋友多了，视野才更开阔，生活才更充实，自己的帮手和靠山才会越来越多。

如果问：“你有多少朋友?”一定有很多人答不上来，即使能够回答得出来，大致也都是学生时代的同学或办公室里合得来的同事，所想得出来的不过几个人而已。这些人虽然也是朋友，但是严格讲起来，朋友的关系范围应更广、基础更深才行。

交友是每个人所必需的，并不是大人物的专利品。如果渴望广结人缘，在你的周围，就有不少人选，待你去发现，比如你的长辈、兄弟，他们的工作内容可能和你毫不相关，但是他们都交有一些朋友，这样一来，长辈和兄弟也可以作为你广结人缘的对象，再进一步地说，如果以长辈和兄弟为媒介，能够找到更多的朋友。再看看你父亲的那一边吧！假如父亲的兄弟还健在的话，以年龄来看也许已经达到相当的地位了；同样的，你母亲这边也应检查一下，同辈的堂表兄弟们，也可以作为广泛交友的来源。此外，连你的姻亲，都是广结人缘的对象。像这样仅仅靠着血缘的关系，就可以使你的交友范围逐渐地扩大起来。

英年早逝的著名诗人徐志摩，就很善于利用血缘关系来寻找自己的师友做靠山。

徐志摩还在7岁的时候，就已非常聪明，且对语言及文学表现出浓厚的兴趣，但直到15岁，他还觉得自己在这方面的学习长进不大，迫切需要一位精于此道的老师来指点他。他听说梁启超是良师，但梁启超是大名鼎鼎的人物，想拜他为师可不容易。于是，他就前往表舅家请表舅为其引见，因为徐志摩的表舅与梁启超相交颇深。

在与表舅的一席交谈中，徐志摩充分表达了自己的迫切愿望，他对长辈的谦恭之情，深深打动了表舅，使表舅觉得此子是可造之材，于是，他亲自带徐志摩去梁启超家，让其拜在梁启超的门下。从此，在老师的辅导下，加上自身的努力，徐志摩在诗歌上的造诣突飞猛进。最后，终于成了一个伟大的诗人。

试想，如果徐志摩不是运用了亲戚这个特殊的关系，又怎么能够拜师学习并成为一名伟大的诗人呢？

其次，要把目标转移到你的家乡，一些父老兄弟由于同乡的关系，能够顺利地结成朋友；然后在你现在的住所附近，看看有没有能成为朋友的人物。

香港的李先生凭着智慧与汗水创办了一个大型集团公司，经过几十年的奋斗与拼搏，已成为香港同行业中的执牛耳者。李先生虽已成家立业，但时时刻刻都在想着家乡，想着家乡的人民，现在年龄也大了，很有一种叶落归根的想法，但苦于工作太忙，无法回去。

这时，李先生的家乡为了修筑一座大桥，需要一笔不小的资金，当地政府千方百计筹措，才筹到了总数的三分之一，于是就派出张某去找李先生，希望能得到援助。

张某是政府对外联络办的，为人聪明，善于交际，且很有办法。他看了李先生的详细资料后，就断定李先生这时也很有回家乡投资的意向。因此，在没有任何人员的陪同，也没有准备任何礼品的情况下，张某独自一人前往香港，并且打包票定会筹到款项。

当李先生听到家乡来人时，他在欣喜之余也感到有些惊讶。因为久不闻家乡的讯息，突然有人来了，该不会是招摇撞骗的吧！李先生心里不由得阵阵起疑心，但出于礼节，他还是同张某见了面。

张某一见李先生这种态度，知道他还未完全相信自己。于是他挑起了家乡的话题，只讲家乡解放前及现在的风貌变化，他那生动的语言，特别是那浓浓的爱乡之情溢于言表，令李先生深受感动，也将他带回了童年及少年时期，想起了那时的家乡、那里的爷爷奶奶还有邻里亲戚……显然，李先生记忆深处中的那块思乡领地已被张某揭开了盖头，蕴藏在心中的那份几十年的感情全部流露了出来，欲罢不能。

就这样，经过三个小时的“聊天”，张某对借钱一事只字未提，只是与李先生回忆了家乡的变迁，犹如放电影一般。最后，李先生不但主动提出要为家乡捐款一事，还答应了与家乡合资办厂的要求，并与张某成为“忘年交”。张某巧妙利用“老乡”关系，成功地达到了求人办事的目的，更给自己增加了一位可以信赖的朋友和靠山。

然后，还可以考虑一下你的同学。无论是同班同学，还是你的校友，或者是曾经和你在同一个球队里打球的队友，谈起从前的日子，都会倍感亲切，难道还不会成为朋友吗？

另外，许多曾经与你共事的人都可以成为你结交的对象。比如和你一起参加研究会的朋友；你的同事以及公司内所有的接待过的人士；甚至还有离开你们公司的旧同事，他们都有可能成为你的朋友。

结交朋友的方式和途径其实有很多，关键在于你如何去把握和利用。只要你有心广结人缘，机会多的是，像共同感兴趣的集会或者社团，还有各种活动中心，都是你交友的场所；甚至连餐馆和咖啡厅里都能交到朋友。

总的说来，要扩大你的交友圈，随时随地结交新的朋友，你的友谊之树才能根深叶茂，无论走到哪里都会拥有无数的朋友和靠山。

2. 别在一棵树上吊死

有一个硬靠山虽好，但它总有靠不住甚至有倒的时候。只有一个靠山，就等于把赌注都压在一个人身上，一旦这人身败名裂，自己不但失去了依靠，说不定还会跟着他遭殃。因此，聪明的人总是会灵活变通想方设法地多找靠山，以防不测，不把鸡蛋全放到一个篮子里。

要想在社会上立于不败之地，有时候需要左投右靠，若只顾一人，不及其余，他日靠山一倒则墙倒众人推，自己必然会遭到众人攻击，致使身陷险境。这是欲“靠”者最需用心之处。如不仔细权衡，难保他日平安，特别是在做官上，更是如此。以下的故事，教训便极为深刻。

吴起是战国时的一位军事家、改革家，为了追求功名，他几乎是六亲不认。他本来在鲁国为官，齐鲁交战时，鲁国国君想任命他为统兵御敌的主帅，偏偏他的妻子是齐国人，便有点信不过他，他为了取信于鲁，竟残忍地杀掉了自己无辜的妻子。他曾发誓，不为将相，誓不还乡，后来他的母亲病逝，他果然不回家赴丧。

然而，他的仕宦生涯并不顺利，他虽然杀掉了妻子，鲁君依然不信任他；后来到了魏国，为魏国立了大功，又为魏国的贵族所不容。最后，他来到了楚国，深得国君楚悼王的倚重，任命他为相国，主持楚国的变法。他变法的一个主要的内容便是“损有余而补不足”，把矛头指向在楚国根深蒂固、势力雄厚的贵族，剥夺他们的田产，废除他们的特权，并将他们迁移到偏远的地区去开荒种地。

楚国强大了，吴起却孤立了，他遭到了旧贵族势力的强烈反对和憎恨，只是由于楚悼王的支持，这些人一时还奈何他不得。公元前 381

年，楚悼王死了，吴起的后台没有了，那些仇恨积压已久的旧贵族们再也按捺不住复仇之心，立即对吴起群起而攻之。吴起无处可逃，情急无奈，一下子扑到了楚悼王的尸体上，他估计那些旧贵族们投鼠忌器，一定不敢再对他施行攻击的，如果伤害了国君的尸体，那可是灭族的大罪。可那些疯狂的贵族早已失去了理智，什么也顾不上了，乱箭齐发，国君的尸体并没有帮吴起的忙。

吴起的遭遇有一个可以汲取的重要的教训。吴起以为，有了楚悼王这样的最高掌权者的支持，他便可以有恃无恐，放手大胆地去干他所想干的一切，而对其他政治势力的态度可以不闻不问。殊不知，在政治舞台上，在官场上，没有永远不倒的靠山，像楚悼王这样地位的人，你将他作为一个孤注，将一切成功的希望都寄托在他一个人身上，有朝一日，他两眼一闭，呜呼哀哉了，你该怎么办呢？

找靠山也需要一种平衡艺术，既要左顾右盼，照顾到方方面面的利益，又要瞻前顾后，考虑到事情的前因后果。不能一条道走到黑。

3. 与人交往有学问

社交是每个人都无法回避的生活内容。善于社交的人在社会上广受欢迎，所承受的社会压力也比别人小得多，成功的概率也相对地提高。正如美国著名学者卡耐基所说：“一个人的成功，只有15%是由于他的专业技术，而85%则要靠人际关系和他的为人处世能力。”可见，一个人的社交能力是多么重要。在这个讲究人际关系的时代里，却有许多人不懂得怎样更好地与人相处。

一位老太太坐在小镇郊外的马路边纳凉。有个年轻人来到老人面前问道：“请问老人家，住在这个小镇上的人怎么样？我正打算搬来住呢！”

老太太看了一下年轻人，反问道：“你要离开的那个地方的人怎么样？”

年轻人回答：“不好，都是些不三不四的人。我住在那里没快乐可言，因此我打算到这儿来住。”

老太太叹口气，说：“小伙子，恐怕你要失望了。因为这个镇上的人也和你那儿差不多。”

年轻人走了，继续去寻找他理想的居住地。

过了一会儿，一位姑娘来到老太太面前，询问同样的问题。老人也同样反问她。

这位姑娘说：“哦！住在那里的都是非常好的人。我在那里度过了一段美好的时光。但我正在寻找一个更有利于我的工作发展的小镇，我舍不得离开那个地方，但是我不得不寻找更好的发展前途。”

老太太面露笑容，说：“姑娘，你很幸运。居住在这里的人都是跟你原来住的地方一样好的人，你将会喜欢他们，他们也会喜欢你的。”

这个故事告诉我们，你想寻找敌人，你就会找到敌人；你想寻找朋友，你也就会找到朋友。不善于与人相处的人，到了哪里，都会认为别人难以相处。善于与人相处的人，见到任何人，都会融洽相处。

能够与人融洽相处的人是一个快乐的人，一个大度的人，一个与人为善的人。即使赚钱不多，也很满足，因为他能从融洽的人际关系中获得报酬。

以下是与人交往的一些经验之谈：

（1）面对大众，欢喜时不要得意忘形，伤感时也不要形之于色。

（2）在众人面前，时时处处都要表现出自己的修养，如此才会获得别人的尊重，千万不要不明事理，不分是非，不会权衡轻重，也不明白善恶好坏。

（3）不必和别人计较，你纵使能力、智慧不如别人，如果你肯上进、有一种强烈的责任心，你还是一个优秀的人。

（4）面对别人的伤害，别人的侮辱，你不必伤心，不必难过，要知道检讨，知道反省，知道改进。能够如此，必然会有成功的时刻。

第六章　选择适时创业

——为自己谋划一个更广阔的发展空间

一个真正想干一番事业的人是不会甘于永远生活在别人的屋檐下的，都想开辟一片属于自己的天地。所谓"宁做鸡头，不做凤尾"就是这个道理。他们毅然决然地选择了自主创业这条路。创业，不乏困苦和艰难，但不经历风雨，如何能见彩虹？没有人能随随便便成功。创业，是最能展示个人才华的舞台，创业，能让你拥有一个更广阔的发展空间，能让你的事业更加辉煌、更加灿烂。

一、敢闯敢干才是成功之道

1. 贫穷不是常有的状态

伟人也好，凡人也罢，遭遇贫穷都是极其常见的事情。生活中到处布满了艰辛与坎坷，你要随时准备好像迎接朋友一样地迎接困难与挫折。为了摆脱困境而去努力拼搏，这才是成功人士的明智选择，如此才诞生了许多杰出的人才。

现代人视财富为一个人成功的重要标志。在贫穷中，有些人一直以为，我每天做梦都想得到财富，但我一无本钱，二无机会，三无才能，怎么能得到财富？是呀！你该怎么办呢？其实，你不该天天空想，而应积极地去做，脚踏实地的去行动。

法国巴黎的玛索太太生活贫困，她丈夫因车祸去世，两个女儿还很小。有一天，她到冷饮店叫了一份冰淇淋给两个女儿吃，忽然她看见店内摆着像坏掉似的馅饼。于是她毛遂自荐问店主要不要买她自制的馅饼。玛索太太对店主说："我对烹饪非常自信，住在别的地方时，做过的馅饼非常受人欢迎。"于是，她接到了两个馅饼的订货。其实，玛索太太并不擅长做馅饼，但她愿意学，于是，她拜托隔壁的托尼太大教她如何做苹果饼，最初只是做苹果饼和柠檬饼两种，出乎意料的是她做的饼竟然得到冷饮店的好评，马上又接到了五个馅饼的订单。从那以后，其他商店也纷纷向她订货。这样一来，她一年大概要做 5000 个馅饼，这些都是在她的狭窄的厨房中完成的，除去成本，一年可以净赚 1000

美元，从而顺利地摆脱了贫困。

后来，玛索太太由于在家制馅饼的需求量激增，她就开了一家专卖店，并且雇了两名女孩帮忙，她经营的食品包括水果派、蛋糕、面包、蛋卷等，经营好的时候，客人如果想买她店里的食品，得排上一个小时的队。

玛索太太说：“我现在终于知道创业对于我来说意味着什么了，我感觉自己生活得很快乐，一天工作12到14个小时。但是对我而言，这不是工作，我根本不觉得疲倦，那可以说是生活里的一种热诚态度，我希望能摆脱贫穷，谋求幸福而努力地工作着，连烦恼的时间都没有。失去丈夫的我，已经用工作填补了我心灵上的空虚。”

另一个敢于挑战贫穷的奥兰妮的故事也很类似。她的丈夫因劳累病倒。为了维持一家的生计她必须赚钱，可是她没有一技之长，又没有经验，更没有资本，她只是一个普通的妇道人家而已。然而，奥兰妮没有胆怯，她做了几个砂糖饼后，就到附近的学校门口去卖。最初的一个礼拜她就赚了4块美金。4年之后，她在芝加哥开了间专卖店，又过了5年，这个妇人已经拥有17家连锁商店。更重要的是，她对生活的热忱，不仅使她自己感到很快乐，也感染了她的孩子和她周围的人。

以上两个都是普通的家庭妇女以自己的行动为我们树立了榜样的例子。从她们的身上我们可以得到这样的启发：任何人都可以选择创业这条路，只要你有勇气、有胆量并努力去付诸行动，那么你就一定能走出一条属于自己的路并实现你美好的创业梦想。

2. 失业只不过是从头再来

在人的一生中，每个人都不能保证工作总是那么顺利，被解雇是难免的，面对失业，很多人往往痛苦不堪。其实，失去工作不见得是一件坏事，只要树立信心，肯定会出现柳暗花明又一村的新景象。很多人正是由于失去工作之后，才发现了自己更大的潜力，从而使自己获得了一个更广阔的发展空间。

张健是一个很有事业心的人，他在一家业务公司跟着老板一干就是5年，从一个普通员工一直做到了分公司的总经理职位。在这5年里，公司逐渐成为同行业中的佼佼者，张健也为公司付出了许多，他很希望通过自己的努力让企业发展得更快、更好。然而就在他兢兢业业拼命工作的时候，张健发现老板变了，变得不思进取、独断专行，对自己渐渐地不信任，许多做法都让人难以理解，而张健自己也找不到昔日干事业的感觉了。

同样，老板也看张健不顺眼，说张健的举动使公司的工作进展不顺利，有点碍手碍脚。不久，老板把张健解雇了。

从公司出来后，张健并没有气馁，他对自己的工作能力还是充满了信心。不久，张健发现有一家大型企业正在招聘一名业务经理，于是将自己的简历寄给了这家企业，没过几天他就接到面试通知，然后便是和老总面谈，最终顺利得到了这一职位。工作了大约一个月时间，张健觉得自己十分欣赏该公司总经理的气魄和工作能力。同时，他也感到总经理同样十分常识他的才华与能力。在工作之余，总经理经常约他一起去游泳、打保龄球或者参加一些商务酒会。

在工作中，张健感觉公司的企业标志设计得相当繁琐，虽然有美感，但却缺乏应有的视觉冲击力，便大胆地向总经理提出更换图标的建议。没想到其实总经理也早有此意，就把这件事安排给他。为了把这项工作做好，张健亲自求助于图标设计方面的专业人士，从他们提供的作品中选出了比较满意的一件。当他把设计方案交给总经理的时候，总经理大加赞赏，立马升张健为公司副总，薪水增加一倍。

是的，被解雇并不一定是件坏事。张健面对无情的解雇，他一样凭借着才能找到了更适合自己的工作，而且得到了一位真正“伯乐”的赏识。

天津市寰昊有限公司总经理、天津市振兴社区中心主任邹莲慧的经历再次说明，面临解雇，只要你不气馁、不自弃，敢于去拼搏，就一定能有新的开始。

37 岁的邹莲慧曾在天津市墨水厂做包装工，7 年前下岗后，她在餐厅打过工，卖过服装，干过导游，后来在一家大型饭店做大堂服务工作，从一般员工做到了大堂经理。正当饭店业绩蒸蒸日上的时候，一向笑容可掬的老板突然翻脸，把她辞退了。邹莲慧带着 3000 元钱和一身的疲惫回了家。

之后，她不停地看招工启事，跑人才市场。几次碰壁之后，1998 年一个偶然的机会，邹莲慧经朋友介绍承包了一个花店。脑子冷静下来之后，她才意识到自己对花卉一窍不通。倔强的她为此花了整整一个星期在花卉市场干杂活，不求报酬，只求学习花卉知识。小花店开张了，花店的布置、进货、送货以及联系客户都由她一个人做。一个月下来，她的手被各种花刺和药液折磨得不成样子了，但让她喜出望外的是，这间不足 20 平米的小花店不仅没有赔钱反而还有赢利。

恰逢此时，专门扶持下岗女工创业的“天津市妇女创业中心”成立。刚进入妇女创业中心邹莲慧就暗下决心，一旦有了能力，一定要全力帮助贫困姐妹们一把。这既是一种创业，也是一种回报。2001 年年初，准备大干一番的邹莲慧用自己的积蓄和第一笔 4000 元小额贷款作为启动资金创立了天津市振兴社区服务中心。她大胆地使用连锁和加盟形式，短短的两个月建起了60多个社区服务站，包括美容美发、婚介、花店等众多服务种类。下岗姐妹都说，有了莲慧姐做主心骨，我们就知道怎么做了。

2001年3月，邹莲慧从报纸上得知自来水洗车已被许多城市禁止，中水洗车在全国尚处在发展阶段。何谓中水洗车？她向一些知情人讨教后，敏感地意识到这是一个蕴藏着巨大商机的领域。在得到专家技术支持的保证下，邹莲慧果断地筹集资金添置设备，开始进行试验。在试验过程中，邹莲慧面临着十几万的资金缺口，但试验却是箭在弦上不得不发。她做出了一个惊人的决定——卖房！邹莲慧说："当时的压力真是太大了！试验失败了，技术人员灰心，家里人埋怨，我得给他们打气，可谁给我打气啊？幸好当时妇女创业中心给了我很大的支持和鼓励，才使我度过了那段难熬的日子。"

苦尽甘来，设备试验终于大功告成，邹莲慧首先做的两件事就是为产品申请专利和企业上网。通过互联网，与一家美国公司建立了合作关系，并又引进了最先进的中水处理技术。从2001年5月份建成投产以来，邹莲慧的公司已在全国销售数百台中水洗车设备，在天津市内设立中水洗车点近百个。同时，她还积极在自己的企业安置了大量下岗职工就业。邹莲慧自强自立的事迹给予许多人以鼓舞。被解雇只代表某段就业经历的结束，虽然前方会伴随迷茫，但也充满机遇和广大的空间。刘欢曾唱过一首《从头再来》，歌词给许多人带来了心灵的鼓舞："一切只不过是从头再来……"忍耐一下，挺一挺，一切挫折都会过去。

有句话说，上帝在关上一扇门的同时会为你打开另一扇窗户。失业并不可怕，只要你不灰心不气馁，相信自己，勇于开拓与进取，那么你同样会在其他领域取得成功。

3. 走出自己的新路

一个人要想有所成就，就不能墨守成规，甘于吃别人嚼过的馍，对于家长、专家、权威们唯唯诺诺、亦步亦趋，而必须勇于跨越雷池，走出属于自己的新路。

黛比从小就非常渴望得到父母的赞扬和鼓励，但由于兄妹很多，父母根本顾不上她。这种经历使她长大以后依然缺少自信心。尽管她嫁给了一个非常成功的丈夫，但美满的婚姻并没有改变她缺乏自信心的状态。

直到有一天，她突然意识到必须选择一条属于自己的新路，否则就会庸碌无为地度过一生。她对自己的父母和丈夫说："我准备去开一家食品店，因为你们总是说我的烹调手艺有多么了不起。"

她的父母和丈夫都告诉她说："这真是一个荒唐的主意。你肯定要失败的，这事太难了。快别胡思乱想了！"但这一次，黛比没有听从他们的劝阻，而是毅然采取了实际行动。

生意刚开始的时候的确很艰难，食品店开张的那一天，竟然没有一个顾客光临。黛比几乎被冷酷的现实击垮了。看起来自己似乎必败无疑，她几乎相信父母和丈夫的看法是对的。

不过，黛比终于没有退缩。她决定坚持下去，并一反平时羞涩的窘态，端起一盘刚刚烘制好的食品到她居住的街区，请每一位过往的人品尝。这样做的结果使她越来越自信，因为所有品尝过她的食品的人都认为味道非常好。

今天，"黛比·菲尔茨"的名字已经出现在美国数以万计的食品商店的货架上，她的公司"菲尔茨太太原味食品公司"，也已经成长为美国食品行业中最成功的连锁企业。

当然，你决定走新路的时候，一定会面对各种各样的困难。有时候，连你最亲近的家人和朋友也会联合起来给你泼冷水，反对你。你必须勇敢地坚持己见，只要你能用自己的实际行动取得成功，证明自己是正确的，反对声自然就会烟消云散了。

著名作家王尔德说："只有缺乏想象的人，做事才会一成不变。"所以你不要墨守成规，总是过着单调、乏味而且与成功无缘的日子。你可以尝试着从一点一滴改变自己，不要在 6 点 5 分起床，而要在 5 点 6 分起床；开车上班时，找一条新路；周末不再加班，陪妻子、孩子一起去公园散步……

要跳出常规，因为我们只能活一生。

二、把握好创业的第一时间

1. 头等大事用在第一时间

人们总是根据事情的紧迫感而不是事情的重要程度来安排先后顺序，这样的做法是被动的而非主动的，其结果只能把工作弄得一团糟，根本达不到预期的目的。

如果你把最重要的任务安排在最有效率的时间里去做，你就能花较少的力气，做完较多的工作。当你面前摆着一堆问题时，应问问自己，哪些最重要，对它们做优先处理。如果你听任自己让紧急的事情左右，你的工作中就会充满危机。

根据你的目标，你应该把所要做的事情排一个顺序，有助你实现目标的，把它放在前面，依次为之，并把它记在一张纸上，就成了工作计划表，养成这样一个良好习惯，会使你每做一件事，就向你的目标靠近一步。

众所周知，人的时间和精力是有限的，不进行有效的计划，你会对突然涌来的大量事务手足无措。

下面是卡耐基对这一问题的看法：

一天，有一位公司的老板来拜访我，看到我干净整洁的办公桌感到很惊讶。他问我："卡耐基先生，你没处理的信件放在哪儿呢？"

我说："我所有的信件都处理完了。"

"那你今天没干的事情又推给谁了呢？"老板又追问。

“我所有的事情都处理完了。”看到这位公司老板困惑的神态，我微笑着解释说：“原因很简单，我知道所需要处理的事情很多，但我的精力有限，一次只能处理一件事情，于是我就按照所要处理的事情的重要性，列一个顺序表，然后依序处理。”

“噢，我明白了，谢谢你！卡耐基先生。”几周以后，这位公司的老板请我参观其宽敞的办公室，对我说：“卡耐基先生，感谢你教给了我处理事务的方法。过去，在我这宽大的办公室里，我要处理的文件、信件等，都是堆得和小山一样，因此得动用三张桌子。自从用了你说的法子以后，一切都改变了，你瞧，再也没有没处理完的事情了。”

这位公司的老板，就这样找到了处理事务的办法，现在的他已成为美国社会成功人士中的佼佼者。我们为了个人事业的发展，也一定要根据事情的轻重缓急，制出一个工作计划表来。我们可以每天早上制定一个先后表，然后再加上一个进度表，就会更有利于我们向自己的目标前进了。

柯维指出：有效的管理是要先后有序。在领导决定哪些是“首要之事”以后，时刻把它们放在首位就是管理了。管理是纪律，是贯彻。

就是说，如果你是一个有效率的自身管理者，你的纪律来自你自身，它是你独立意志的一种表现。

2. 见机而动快者胜

有些战机，你如果不及时抓住，就会被别人抢先抓去。因为任何一个企业或企业中的一个部门，为了自身的存在，每一刻都在寻觅有利战机。当大家都发现了战机时，快者胜，勇者胜。不过，任何人要抢先抓住大家共同发现的战机，必定要付出极大的代价，否则不会先于竞争对手。这正如一批选手在同一起跑线上，拼命奔跑而想第一个到达终点一样。所以，高超的“选手”，应该在别人尚未发现目标之前迅速地捕捉到它。

1983 年第一季度，香港有线电话机出口多达 1. 86 亿港元，比上年度同期增长近 19 倍。香港某公司获得巨利，而其业务部门先于别处甚至先于本公司其他部门发现利用商机是其成功的重要原因。

原来美国政府规定，电话机只能由美国电话电报公司出租，不能销售，私人购买电话机是违法行为。1982 年，美国政府取消了电话电报公司的专利权，允许私人可以随便购买。这样一来，美国 8000 万个家庭及其他公司机构，就成了电话机的潜在消费对象。

当别的公司对美国政府这一决定熟视无睹时，香港某公司业务部经理闻风而动，立即向老板建议把原来生产收录机、电子表的厂子快速转产生产电话机，同时安排业务主力迅速占领美国市场，结果出师大捷。等到其他地方的企业东施效颦、接踵而至时，只能啃几根吃光了肥肉的骨头了。公司赚了个盆满钵满，而那位业务经理没多久即被委以营销副总裁的重任。

有些战机，稍纵即逝，企业家若不能及时抓住，则会永无补救之时。对于这种战机，你必须对战机的性质进行反复分析，针对战机的特点采取对策。

3. 独具慧眼捕捉商机

机不可失，时不再来。在充满玄机的商业市场上，偶然性随时可能出现，但不是每一个企业经营者都能捕捉到商机，创造出奇迹的。这正如一位专家所说：一些人之所以成功，不是因为他们得到了幸运的机会，而是因为他们有一双慧眼，善于捕捉幸运。

捕捉商机贵在独具慧眼，其实身边每一件小事当中都蕴含着相当多的商业机会，成功的商人不放过每一件别人看来微不足道的小事，从小事中发现大商机，真是智慧之极，高明之极。

台湾天作实业公司的女老板周玉凤，从报纸上看到这样一条信息：科威特由于完全是沙漠，每年需要进口大量泥土种植花草，美化环境。这条简单的信息启发了这位有经商头脑的老板，她认定小草可作商品，它会比泥土更有发展前途。于是，她投入资本，请科研部门和专家协助研究生产一种不需泥土种植的小草。不久，果然获得成功，小草成为天作实业公司的发财之源。

天作实业公司研究出来的小草，准确地说，应为“植生绿化带”，是一种可以大量生产的标准草皮。它的构成，首先是用化学纤维与天然纤维制成“不织布”，然后把青草种子和肥料均匀地洒在两层“不织布”之间，卷成一卷，再把它包装好，由商店进行零售。用户在使用时，只要把这些“不织布”铺在地上，再敷上一层薄薄的泥土或干稻草，每天洒水保持湿润，不用一个月的时间，这些地毯般的“不织布”就会长出绿茸茸的小草，这与在泥地上种出的草坪毫无异样。

这种“植生绿化带”优点很多，它到处可以“种植”，不管在泥地上或沙漠上乃至楼宇的顶屋阳台，只要把“不织布”铺开和保持湿润，绿草就会如期长出来，它既可以防止洒水时把草种冲走，又能保持水分使小草均匀成长。这种小草成本低，成活率高，几乎达到100%。正因为它比泥土种植草坪优越，所以很受建筑商和用户欢迎。

“植生绿化带”原来是日本首先开发的，但由于它疏于对“不织布”的精细研究，它的化学纤维成分搭配不当，天然纤维只占20%，化学纤维占80%，这样构成的“不织布”空隙较多，草的种子容易掉失和易于被洒水冲走，这样，必然使植草成活率不高。天作实业公司针对日本产品的这些弱点，对“不织布”进行了改良，使用天然纤维和化学纤维各50%，结果克服了日本同类产品的弱点。

天作实业公司在研制成功后，沿着信息提供的方向，派员到科威特、沙特阿拉伯、阿联酋等寸土难得的国家去推销这种“不织布”，并在当地进行“植生绿化带”的示范种植，宣传它可以美化环境，见效迅速，还有定沙、防沙的优良特点。经过三个月的推销活动，很快使当地人信服了，连酋长和王子都得意地称这种产品是“台湾创造的现代神毯”。现在，天作实业公司的小草生意越做越大，来自世界各地的订单应接不暇，利润如潮水般涌来。

天作实业公司取得的令人羡慕的业绩，说来并不神秘，一是善于捕捉信息，二是善于借势乘势，扬长避短。科威特进口泥土种花草的信息诱发了经营小草的萌想，日本开发的“不织布”启发了改进它的动力，两者结合就成为天作实业公司的生财之道。

生活中很多人常常抱怨没有机遇，找不到发迹的途径，难道商机真的是那样“稀少”吗？纵观那些千万富翁、亿万富翁的发迹史，其实他们的成功存在着很大的偶然性，你会发现他们成功的共性——敏锐地发现商机并把握商机。生活中的商机无处不在，就看你是不是一个有心人，能否独具慧眼地把握住商机，抓住了商机就会赢得财富滚滚来。

三、诚信是你的创业名片

1. 谁都不愿意接受不真诚的人

不管时代怎样发展，社会怎样变迁，诚实永远是为人的根本。

1969 年，美国著名的心理学家约翰·安德森在一张表格中列出了 500 多个描写人的形容词，他邀请近 6000 名大学生挑选出他们所喜欢的做人品质。调查结果显示，大学生对做人品质中给予最高评价的是“真诚”。在 8 个评价最高的候选词语中，有 6 个和真诚有关，它们是：真诚的、诚实的、忠实的、真实的、信得过的和可靠的。大学生们对做人品质给以最低评价的形容词是“虚伪”。在 5 个评价最低的候选词语中，有 4 个和虚伪有关，它们是：说谎、做作、装假、不老实。

这个调查研究结果在社会上具有普遍意义。生活中我们总是喜欢真诚信得过的人，讨厌说谎不老实的人。一个诚实的人，不论他有多少缺点，同他接触时，心神就会感到清爽。这样的人，一定能找到幸福，在事业上有所成就。这是因为以诚待人，别人也会以诚相见。

一个人只要真诚地待人处事，就容易与他人的合作，甚至他人为你吃亏也不在乎。真诚地做人，则容易让人接纳，能交到更好的朋友。

佛莱明是苏格兰一个穷苦的农民。有一天，他救起一个掉到深水沟的小孩。第二天，佛莱明家门口来了一辆豪华的马车，从马车里走下来一位风度翩翩的绅士。见到佛莱明，绅士说：“我是昨天被您救起的孩子的父亲，我今天特地赶过来向您表示感谢。”佛莱明说：“我不能因为救你的孩子而接受报酬。”

正在二人说话之际，佛莱明的儿子从外面回来了。绅士问道：“他是您的儿子吗?”农夫不无自豪地回答说：“他是我儿子。”绅士说：“我们订个协议，我带走您的儿子，并让他接受最好的教育。如果这个孩子像他父亲一样真诚，那他将来一定会成为令您自豪的人。”佛莱明答应并签下了这个协议。

数年后，佛莱明的儿子从圣马利亚医学院毕业，发明了抗菌药物盘尼西林（penicillin，也叫青霉素），一举成为天下闻名的佛莱明·亚历山大爵士。他在1944年获得诺贝尔医学奖，并受封为骑士爵位。

有一年，绅士的儿子，也就是被佛莱明从深水沟里救出来的那个孩子染上了肺炎。是谁将他从死亡边缘拉了回来？是盘尼西林。那位气质高雅的绅士是谁？他是上议院议员老丘吉尔。绅士的儿子是谁？他是二战时期英国著名首相丘吉尔。本杰明·富兰克林说：“一个人种下什么，就会收获什么。”我们如果真诚地对待别人，别人也会真诚地对待我们。佛莱明因为真诚而让自己的儿子有了成才的机会，并使之成为20世纪人类医学史上的风云人物；绅士因为真诚而挽救了自己儿子的生命，并使之成为20世纪影响人类历史进程的政治家。

好人自有好报。好人一生平安。真诚是财富，真诚是最宝贵的财富。在这方面进行投资的人，可以获得丰厚的回报。虽然没有谁必须做一个富人或做一个伟人，也没有谁必须做一个智者，但是每个人都必须做诚实的人。

真诚无私能使一个外表看起来毫无魅力的人具备以下几个方面的典型特征：

（1）在对待现实的态度或各种社会关系方面，表现为对他人和对集体的真诚热情、友善、富于同情心，乐于助人，关心和积极参加集体活动；对待自己严格要求，有进取精神，自信而不自大，自谦而不自卑；对待学习、工作和事业，表现得勤奋认真。

（2）在理智方面，表现为感知敏锐，具有丰富的想象力和高智商；在思维方面有较强的逻辑性，尤其是富有创新意识和创造能力。

（3）在情绪方面，表现为善于控制自己的情绪，保持乐观开朗、振奋豁达的心境，情绪稳定而心态平和，与人相处时能给人带来欢乐，令人心旷神怡。

（4）在意志方面，表现出有明确目标，行为自觉，善于自制，勇敢果断，坚忍不拔，积极主动等一系列良好的品质。

2. 诚信创业的成功者们

做生意与做人有相通之处，为人只有具备了诚实、守信的品格才能在生意场上站稳脚跟，也才能把自己的生意做大做强，奥斯曼就是其中的一个典型。

1917 年 4 月 6 日，艾哈迈德·奥斯曼出生在埃及伊斯梅利亚城的一个贫苦家庭。他幼年丧父，因从小受到舅父的熏陶，幼年时即想当一名建筑承包商。

1940 年，奥斯曼大学毕业，虽然身无分文，却想实现多年来的梦想——当承包商。为了筹集资金学习承包业务，他先到他舅父那儿当帮手。他在工作中，注意积累工作经验，常常到施工现场了解提高功效、节省材料的方法。1942 年，奥斯曼离开舅父，开始实现他的承包商之梦。

根据在其舅父承包行的工作经验，奥斯曼确立了“谋事以诚，平等相待，以信誉为重”的经营原则，他第一次承包的是设计一个小店的铺面，合同金只有 3 埃镑。但他煞费苦心，尽心竭力，设计出来的铺面使店主十分满意。正是靠“诚”，他的承包公司在 50 年代初已获纯利5.4万美元。

50年代后，海湾地区大量发现和开发石油，各王室相继加快国内建设步伐。精明的奥斯曼很快把眼光投向海湾地区，在沙特阿拉伯承包工程。他以低价投标、高质量、讲信誉的标准来完成承包合同，并注意吸收西方国家公司的先进经验。这样，奥斯曼公司的工程承包很令沙特王室满意，影响不断扩大。几年后，奥斯曼公司在科威特、约旦、苏丹、利比亚等阿拉伯国家建立了分公司，奥斯曼成为中东地区著名的大建筑承包商。

奥斯曼一直以"诚"、"信"的原则树立自己公司在国内的信誉。1960年，奥斯曼公司承包了世界上著名的阿斯旺高坝工程。气温高、设备陈旧、地质构造复杂给建筑带来了重重困难。为了按期完成任务、保证工程质量，奥斯曼组织了大批工人和技术人员，严格培训。同时，他大胆引进西方先进的机械设备，代替陈旧的苏联设备。他还注意充分调动工人和技术人员的生产积极性。通过种种努力，奥斯曼公司完成了苏联人认为不可思议的阿斯旺高坝工程第一期高坝合龙工程，为高坝的最终建成立下了汗马功劳。阿斯旺高坝工程不仅反映了奥斯曼公司的信誉，而且反映了埃及人民的智慧。

1961年，纳赛尔总统宣布国有化法令，许多私有企业被收归国有，奥斯曼公司也不例外。国有化后，奥斯曼公司每年只能收取利润的4%，但奥斯曼并未把利润看作第一位，而是立足长远，继续为阿斯旺高坝的建成而努力，由此得到了埃及人民和纳赛尔总统的盛赞。

也正是由于公司重信誉、讲质量，以诚报国，奥斯曼公司在穆巴拉克担任埃及总统后，不仅原来被没收的公司资产得到归还，而且还参与了埃及许多大工程的单独承包，公司影响进一步扩大。到1981年，奥斯曼公司的资本已达40亿美元，奥斯曼本人也成为驰名中东地区的大实业家，他终于实现了自己多年来的夙愿。

企业经营，信誉为最。只有讲信誉、求质量，才有可能赢得大批顾客的信任，从而扩大公司或企业的影响，求得进一步发展。奥斯曼以“诚”、“信”为本，不论是在国内还是国外，始终坚持这一经营原则，因而成为亿万富翁。他的经营谋略，给每一个从商者提供了很好的借鉴。

3. 信誉是做人经商的根本

如果一个人凭着自己良好的品德、修养能让人认可你、信任你，那么你就有了一项成功的资本。

一个人如果希望自己成就一番事业，他首先要获得人家对他的信任。一个人如果学会了如何获得他人信任的方法，真要比获得千万财富更为重要。

但是，真正懂得获得人信任的方法的人真是少之又少。大多数的人都无意中在自己前进的道路上设置了一些障碍，比如有的态度不好，有的缺乏机智，有的不善于待人接物，常常使一些有意和他深交的人感到失望。

很多现代工商界人士只知道名震海内外的“宁波帮”，但极少知道它的奠基者严厚信，更不知道他是我国近代第一家银行、第一个商会、第一批机械化工厂的创办者。这里，我们讲一个为什么他在当时的工商界信誉卓著、成就令人瞩目的奥秘。

严厚信原籍慈溪市，少年时，因为家里贫困，只上过几年私塾，辍学后在宁波垣业钱庄当学徒。由于他饭量大得惊人，没多少时间就被老板借故“炒了鱿鱼”。之后，他经同乡介绍在上海小东门宝成银楼当学徒。在此期间，他手脚勤快、头脑灵光，很快掌握了将金银熔化的技术，并掌握了打铸钗、簪、镯、戒指和项圈等各种首饰的技巧。同时，业余时间他酷爱读书，尤其酷爱书法和绘画。他常常临摹古今名家的作品，几乎可以达到乱真的程度。

后来，严厚信在生意中结识了“红顶商人”胡雪岩。一次，胡雪岩在宝成银楼订做一批首饰，严厚信亲自动手，做好后又亲自送去，胡雪岩给他一包银子，要他点一下，他说：“我相信胡老爷，不用点。”但是，拿到店里一数，发现少了2两银子，他不声不响，将自己的辛苦工钱暗暗地凑在里面，交给了老板。又一次，胡雪岩要宝成银楼的首饰，严厚信送去之后，又数也不数拿了一包银子回来。可是，一数，吓了一跳，多出了10两银子。10两银子，当时相当于一个小伙计的几年辛苦工钱。然而，他想起家里大人的教诲，绝不能要昧心钱。

于是，次日一早，马上送还给了胡。其实，同前一次一样，这是胡雪岩试他的品行。自然，他得到了胡的好感。继而，他以自画的芦雁团扇赠给胡雪岩，深得胡的赏识，称赞他“品德高雅、厚信笃实，非市侩可比。”于是，推荐给中书李鸿章。他得到了在上海转运饷械、在天津帮办盐务等美差，逐渐积累了一些金钱。尔后，在天津开了一家物华楼金店。

任何人都应该努力培植自己良好的名誉，使人们都愿意与你深交，都愿意竭力来帮助你。

有很多银行家非常有眼光，他们对那些资本雄厚，但品行不好、不值得人信任的人，决不会放贷一分钱；而对那些资本不多，但肯吃苦耐劳、非常讲诚信的人，他们则愿意慷慨相助。

银行信贷部的职员们在每次贷出一笔款子之前，一定会对申请人的信用状况研究一番：对方生意是否稳当？能否成功？只有等到觉得对方实在很可靠，没有问题时，他们才肯贷出款子去。

查尔斯·克拉克先生这样认为：

“很多人能获得成功靠的就是获得他人的信任。但到今天仍然有许多商人对于获得他人的信任一事漫不经心、不以为然，不肯在这一方面花些心血和精力。这种人肯定不会长久地发达，可能用不了多久就要失败。我可以十分有把握地拿一句话去奉劝想在商业上有所作为的人们：你应该随时随地地去加强你的信用。一个人要想加强自己的信用，并非心里想着就能实现，他一定要有坚定的决心，并努力奋斗去实现。只有实际的行动才能实现他的志愿，也只有实际的行动才能使他有所成就。也就是说，要获得人们的信任，除了一个人人格方面的基础外，还需要实际的行动。任何一个人不会无缘无故得到别人的信任。他必须发挥出所有力量来，在财力上建立坚固的基础，在事业上获得发展、有所成就。然后，他那优良的品行、美好的人格总会被人所发现，总会使人对他产生完全的信任，他也必定能走上成功之路。社会交往中，人们最注意的不是那个成功者的生意是否兴隆，进账是否多；他们最注意的往往就是那个人是否还在不断进步，他的品格是否端正，他的习惯是否良好，以及他创业成功的历史、他的奋斗过程。”

一个人要想开创一番事业，就必须以信誉作为根本，唯有如此，才能让自己立于不败之地。任何欺骗的做法只能骗人一时，无法骗人一世，要知道聪明反被聪明误的道理。成功的创业者都是凭着良好的信誉才成就了一番伟业的，这可以说是他们共同的经商心得。

四、小勇气可以创出大成就

1. 敢于冒险，赢得机遇

有人说，成功来自于幸运女神的垂青；有人说，成功得益于天生聪慧的大脑。没有人比鲁冠球更清楚，成功的人生须经风浪洗礼，理想的目标要脚踏实地，是一步一步丈量出来。商场就好比战场，竞争又是千变万化，所以，因循守旧、墨守成规注定要失败。

鲁冠球出生在浙江省萧山市宁围乡，父亲在上海一家医药工厂工作，工资收入微薄，他和母亲在贫苦的乡村，日子过得很艰难。初中刚毕业，为了减轻父母沉重的生活负担，鲁冠球想靠自己养活自己，就回家种起了庄稼，过起了普通农民的生活。十四五岁本来是读书的大好时光，告别学校的鲁冠球是下了很大决心的，但他的内心却很痛苦。鲁冠球决心要混出个人样来。

后来，经人帮忙，鲁冠球被介绍到萧山县铁业社当了个打铁的小学徒。此后，鲁冠球就干起了铁匠。鲁冠球庆幸自己终于告别了农民的生活，有了一份不错的职业，然而，命运往往会捉弄人，就在鲁冠球刚刚学成师满，有望升工资时，遇上了三年困难时期，企业、机关精简人员，他家在农村，自然首先成为被精简的对象，无奈之下，他只好回家了。鲁冠球感到自己又一次陷入了失意的境地。

经过一段时间的思索，鲁冠球买了一台磨面机、一台碾米机，办起了一个没敢挂牌子的米面加工厂。

然而，那样一个年代是禁止私人经营的，所以，鲁冠球搞米面加工的消息传到某上级领导那里后，就给了他“不务正业，办地下黑工厂”的罪名，然后立即派人查封。这样鲁冠球负债累累，只能卖掉刚过世的祖父的三间房。鲁冠球自己尚未成家，就折腾完了祖辈的家业，落得了倾家荡产的地步。

鲁冠球几乎被这无情的打击击垮了，他很长时间都吃不下饭、睡不好觉，整日闭门不出。让他感到特别痛苦的不仅是这次商业实验本身失败，而是给家里带来的巨大压力，父母亲用血汗换来的钱就这样化为了乌有，使他成为了“败家子”。但是，鲁冠球没有消沉，没有埋怨命运，没有抱怨生活，而是独自咽下了生命的苦水，重新挑起自己生命的重担，奋然前行。没过多久，鲁冠球又钻了“停产闹革命”的空子，在铁锹、镰刀都买不到、自行车也没处修的年月，收了5个合伙的徒弟，挂了大队农机修配组的牌子，在童家塘小镇上开了个铁匠铺，为附近的村民打铁锹、镰刀，修自行车，这一铁匠铺吸引了周围的许多男女青年。以后，鲁冠球的农机修配组的生意越做越红火。

历史的机会终于落到了有准备的头脑上。1969年，鲁冠球接管了“宁围公社农机修配厂”。

鲁冠球接手的前几年，宁围公社农机修配厂生产的万向节产品，一直由浙江省汽车工业公司包销，吃的是“大锅饭”，日子虽然不景气但总还算过得去。但后来赶上各地汽车大批封存，又一下子陷入了重重困境之中。万向节产品大量积压，没有销路，工厂有半年不能按时给职工发工资了。那一年春节前，他四处奔走，“求神拜佛”，总算借了些钱，让职工度过了“年关”。由于销路上的困难，当时厂里人心浮动，厂里生产直线下降，职工没精打采。责难、骂娘、劝慰、建议……搅和在一起，特别是“干”还是“散”的议论，使鲁冠球像得了心绞痛病似的，脸色难看得吓人，头脑像要爆炸。他只好把自己关在办公室里，对自己的头脑进行“冷处理”：难道又要走倾家荡产的老路？出路又在哪里？

后来，鲁冠球终于探听到令人鼓舞的信息：汽车工业将要有大发展，全国汽车零部件订货会就要在山东胶南县召开。

于是，鲁冠球租了两辆汽车，带了销售科长，满载“钱潮牌”万向节产品直奔胶南，打算去订货会上拿到一大批订单。但因为是乡镇企业，根本进不了会场洽谈业务。鲁冠球说：“那我们就在场外摆地摊。”他与供销科长就把带去的万向节，用塑料布摊开，摆满一地。一连三天，那些进进出出的财大气粗的汽车客商，连眼也不斜一下。鲁冠球想着如何吸引顾客就派出几人到里面订货会上探个究竟。一打听，原来买方与卖方正在价格上“咬”着，谁也不肯让步。这时鲁冠球就测算着：“假若自己的产品降价 20%，也还有薄利。好！那我们降价。”说着就马上要供销员贴出降价广告。这一下摊前顾客就蜂拥而至了，一看，“钱潮牌”万向节质量不比订货会上的差，而且还比许多厂家好，价格要比其他厂家低 20%，一下就过来了不少要货单、订货单。晚上，他们回旅社一统计，订出 210 万元。这一炮就打响了。

就这样，鲁冠球终于从失败中站起来了。然而，他的目光没有停留在这些成绩上，他这时看得更远，谋得更深了。

1983 年 3 月，为了获得自主创业、自主经营的权力，鲁冠球承包下了万向节厂。

当鲁冠球把签章盖在了合同书上，鲁冠球家人的心为鲁冠球缩成了一团。苍老的母亲说：“我刚过上几天好日子，你又要折腾，又要让一家老小为你担惊受怕！”那次“资本主义尾巴”事件至今在老人心里仍有阴影，她生怕儿子“好了伤疤忘了痛”，又走到倾家荡产的老路子上去。鲁冠球安慰母亲说：“过去是政策不对头，不是我没办好；现在政策好了，我一定能干好！”

鲁冠球没有错，承包的第一年就超额完成 154 万元，以后的 1984 年、1985 年，年年都超额完成。

1984 年春，美国派莱克斯公司亚洲经销处的多伊尔公司总裁多伊尔先生和美国席柯锻造公司经理奥尼尔先生到万向节厂考察。他们来到车间，不时地从成品堆里拿出万向节，用仪器认真地检测。通过严格的现场检测以后，他们满意地笑了："OK！马上签约"。就这样，钱潮牌万向节不断地运往美国、欧洲等国家。

经过多方努力，1994 年，经国家外经贸部批准，万向美国公司在美国注册成立。1997 年万向顺利实现与通用公司配套。

鲁冠球带领万向集团终于叩开了通用之门，为其走向世界迈出了坚实而有力的一步。

展望未来，鲁冠球满怀豪情。万向集团在他的带领下又绘制了一幅中长期发展的美好蓝图：到 2010 年实现两个三级跳，由省前 10 位跻身于全国 100 强，世界 1000 强；由省级集团跨入国家级集团，跨国集团。

纵观所有的创业成功人士，从中发现他们的共同点就是敢于冒常人所不敢冒的风险，因为他们懂得所有的机遇都蕴藏在风险之中，不愿意冒险就永远不可能寻找到机遇，不愿意冒险最终将一事无成。他们在创业时会饱尝各种艰辛与磨难，会经受各种各样的打击，但是他们却表现得顽强不屈，越挫越勇，他们正是凭借着敢于冒险、不服输的性格才成就了事业的辉煌。

2. 风险中也蕴藏着大机遇

机遇总是与风险并肩而行的，这是因为，在获得成功的机遇时，你也要为成功付出代价。当然，风险并非不能规避，只要我们做好充分的准备，对可能出现的问题考虑周全，并及时想出对策，就能化风险于机遇当中。只要你敢于冒险，就能抓住机遇。

我国著名电影导演张艺谋就是这样一个敢于冒险并抓住了机遇的人。

“文化大革命”爆发后，18 岁的张艺谋插队到了咸阳地区的偏僻农村，在他 21 岁时，正值大招工，知识青年纷纷返城，但张艺谋因为出身问题，没有厂家敢要他，他只好默默地看着别人通过各种门路一一离去。恰好那时有一种风尚，就是各个工厂之间经常要举行各种形式的篮球比赛，有这方面特殊才能的人都被视为宝贝，所以，便有了一条不成文的规定：有着篮球特长的人可以放宽政审条件予以录用。张艺谋本来就有着强健的体魄，篮球也打得不错，知道这一消息后，他越发勤奋地训练，最终，咸阳国棉八厂在招工时看上了他的好身手，放宽政审条件录用了他。

张艺谋由农民转成了工人，又开始了他新的奋斗。他的绘画才能开始崭露头角，3 年后，因此而被调入工艺室从事设计工作。从此，张艺谋又迷上了摄影。摄影使他如痴如狂。他背着一台“海鸥”牌相机走遍了八百里秦川的山山水水。功夫不负有心人，在全国摄影作品大赛中，他的作品获了一等奖。

考电影学院是张艺谋生命中一次至关重要的机遇，也是他人生的根本转折点。

那是 1978 年，北京电影学院开始“文化大革命”后的第一次招生，张艺谋的心一下子热起来，他知道期盼多年的机遇已经来临。但他也意识到，政审可能再次成为他的劫数。可毕竟这是千载难逢的一次机会，他一定要亲自试一试。

张艺谋争取到了一次去北京出差的机会，带着自己精心挑选的摄影作品，找到了北京电影学院的招生办公室。他的作品所表现出来的优秀的艺术素养令老师们大加赞赏，但是，学校规定招生的最高年龄是 22 岁，而张艺谋当时已经 27 岁了。制度无情，首先是年龄一项就把张艺谋阻挡在门外，张艺谋虽然多方奔走，终无结果。

张艺谋失望至极，但仍未绝望，他听从一位深谙世事和中共党史的朋友的建议，给素昧平生的当时的文化部长黄镇写了一封言词恳切的信，还附带了几张能代表自己摄影水平的作品。

最终，信辗转到了黄部长手中，颇通艺术的部长认为张艺谋人才难得，遂写信给电影学院，并派秘书前往游说，终于使电影学院破格录取了张艺谋。而且，最使张艺谋感到幸运的是，他竟然莫名其妙地逃过了政审和文化考核这两大难关。

然而，好事多磨。在张艺谋读完二年级的时候，校方以他年龄太大为由要求他离校。而此时力荐张艺谋的黄部长已经离位。向谁去求助呢？张艺谋意识到，千里马常有而伯乐不常有，不能把自己的命运寄托在伯乐身上。自己已进入而立之年，更应该自己掌握自己的命运，而所谓命运，无非就是机会和抓住机会的能力。他硬着头皮给校领导写了一封态度诚恳的“决心书”，强烈地表达了自己要求继续读书的愿望。再加上爱才的老师多说好话，校方终于同意让他继续上学。在以后的三年中，张艺谋的摄影水平有了突飞猛进的提高。

毕业分配，张艺谋又一次陷入困境。尽管他在学校时年年成绩优秀，年年被评为“三好生”、“优等生”，而且他的妻子在陕西工作，但没有任何门路可求的张艺谋仍被分配到远在南宁的广西电影制片厂。命运是不公平的，但张艺谋却并未因此而沉沦。

广西电影制片厂地处边陲，厂小人少、设备差、技术力量薄弱。但是这里也人才匮乏，因此，对于像张艺谋这样的正牌大学生来说，也很容易脱颖而出。

很快厂里就给了张艺谋一班人一次拍片机会，而这一机会在其他大的制片厂可能要等上好几年。一个精明强干的摄制组组成了，导演是张军钊，美工是何群，张艺谋和萧风则担任摄影。这一帮年轻人，心中充满“反叛”的激情，他们要用迥异于前辈的电影语言，来宣告他们的个性、思想、尊严和价值。他们的作品取材于著名诗人郭小川的一首叙事诗，演绎成电影为《一个和八个》，结果获得巨大的成功，颇受专家、学者的好评。这部电影开创了中国当代电影史的一个新篇章，成为第5代电影人崛起的标志。该片被授与1984年“中国电影优秀摄影奖”。

张艺谋的成功在很大程度上要来源于他对电影艺术的诚挚热爱和忘我投入。正如传记作家王斌所说的那样：“超常的智慧和敏捷固然是张艺谋成功的主要因素，但惊人的勤奋和刻苦也是他成功的重要条件。”

拍《红高粱》的时候，为了表现剧情的氛围，他带人亲自去种出一块一百多亩的高粱地；为了“颠轿”一场戏中轿夫们颠着轿子踏得山道尘土飞扬的镜头，张艺谋硬是让大卡车拉来十几车黄土，用筛子筛细了，撒在路上；在拍《菊豆》中杨金山溺死大染池一戏时，为了给摄影机找一个最好的角度，更是为了照顾演员的身体，张艺谋自告奋勇地跳进染池充当“替身”，一次不行再来一次，直到摄影师满意为止。

1986年，摄影师出身的张艺谋被吴天明点将出任《老井》一片的男主角。没有任何表演经验的张艺谋接到任务，二话没说，下农村了。

他剃光了头，穿上大腰裤，露出了光脊背，就吃住在太行山一个偏僻、贫穷的山村。每天与老乡一起上山干活，一起下沟担水。为了使皮肤粗糙、黝黑，他每天中午光着膀子在烈日下暴晒。为了使双手变得粗糙，每次摄制组开会，他不坐板凳，而是学着农民的样子蹲在地上，用沙土搓揉手背。为了电影中的两个短镜头，他打猪食槽子连打了两个月。为了影片中那不足一分钟的背石镜头，张艺谋实实在在地背了两个月的石板，一天3块，每块150斤。

在拍摄过程中，张艺谋为了达到逼真的视觉效果，往往实实在在去摔打而不怕吃苦受罪。在拍“舍身护井”时，他真跳，摔得浑身酸疼；在拍“村落械斗”时，他真打，打得鼻青脸肿。更有甚者，在拍旺泉和巧英在井下那场戏时，为了找到垂死前那种奄奄一息的感觉，他硬是三天半滴水未沾，粒米未进，连滚带爬拍完了全部镜头。

张艺谋因此而荣获第2届东京国际电影节最佳男主角奖，中国第11届百花奖最佳男主角奖，第8届金鸡奖最佳男主角奖。

张艺谋用他的经历启示我们：每一次发展都是一次机遇的实现，但是，如果你不具备独到的眼光，不具备冒险的精神，你就永远不可能获得成功。风险是我们每个人都不愿意面对的事情，但是要看到，所有的机遇都蕴藏在风险之中。如果你能倾生命之全部能量于事业之一点，那么，你必然能得到一个成功的人生。

3. 机遇就在那，就看你知不知道

机遇是一个美丽而性情古怪的天使，她来到你身边的时候总是悄然来临，以至你有时可能并未觉察到她的降临。所以，你若稍不留心她就将翩然离去，无论你怎样地扼腕叹息，她却从此杳无音讯，一去不再复返。一些人之所以不能成功，并非因为没有机遇，并不是幸运之神从不惠顾他们，而是因为他们太大意了，他们的大意使他们的眼睛混浊而呆板，因此，让机遇一次次地从眼前溜走却浑然不觉。对于这些人来说，要想捕捉到成功的机遇就必须擦亮自己的双眼，使自己的双眼不要蒙上任何灰尘。有些人认为，那些能够取得成功的人是因为幸运之神偏爱他们，其实幸运之神对谁都一视同仁，幸运之神不会偏爱任何一个人。成功的人每每能抓住成功的机遇，完全是由于他们在生活中处处留心，具有一双捕捉机遇的慧眼，当机遇来临的时候，他们就能迅速做出反应，从而把机遇牢牢地抓在自己的手中。

你一定听说过这个故事：

一个苹果从树上掉了下来，恰好掉在了牛顿的头上，牛顿由此受到启发，发现了万有引力定律。

机遇就是这样古怪，有时你苦苦追求、苦苦思索，甚至你处心积虑、心机用尽，它也不一定出现；而就在你已经不抱什么希望、几乎信心全无的时候，机遇却不期而至，让你顿时有一种柳暗花明之感。

相信你也听过这样一个故事：

有两个做鞋生意的人来到非洲一个尚未开发的落后地区，准备推销他们的鞋，他们俩同时发现，这里的人们都赤着脚，从来没有穿鞋的习惯。其中的一个鞋商立即打道回府，而另一个鞋商则留了下来，在当地做起了鞋生意，留下来的鞋商后来的生意做得非常火暴。而打道回府的鞋商则白白地错失了一次发展的良机。之所以会有这样的结果，就在于他不具备捕捉机会的慧眼，他想："这儿的人从来都不穿鞋，因此，鞋在这里肯定没有销路。"而留下来的商人则非常用心，他想："这里还没有人穿鞋，一旦穿起鞋来，则这里的鞋产品市场前景一定十分广阔。"所以，他就以自己的慧眼发现了机遇。

捕捉机遇一定要处处留心，独具慧眼。其实，只要你仔细留心身边的每一件小事，它们当中都可能蕴藏着相当的机会，成功的人绝不会放过每一件小事。他们对什么事情都极其敏感，能够从许多平凡的生活中发现很多成功的机遇。让我们再来看几个成功捕捉机会的范例。

有一次，日本索尼公司名誉董事长井琛大到理发店去理发，他一边理发一边看电视，由于他躺在理发椅上对着镜子看，因此他看到的电视图像只能是反的。就在此时，他突然灵机一动。心想："如果能制造出反画面的电视机，那么即使躺着也能从镜子里看到正常画面的电视节目。"有了这些想法，他回到索尼公司之后就组织力量研制和生产了反画面的电视机，并把自己研制出来的电视机投放到市场上去销售。果然，这种电视机受到了理发店、医院等许多特殊用户的普遍欢迎，取得了成功。这件事给我们的启示就是功夫不负有心人，只要你能够处处留心，那么，就有很多的机会在向你招手。

意大利人对足球的狂热是人所共知的，但意大利人对足球的狂热却在一定程度上冲击了餐饮业。因为，每到国内足球联赛，特别是像世界杯这样的足球大赛到来的时候，成千上万的球迷都闭门不出，端坐在电视机前观看足球赛。每到足球大赛到来的时候，众多的餐饮业主都为生意的萧条而一筹莫展，而有一位餐饮业主的生意却异常的火暴。那么，这位老板有什么绝招呢？说来他的招数其实也很简单。他只不过是在自己的餐馆的角角落落，包括走廊、卫生间都安装上了电视机，以保证每位前来光顾的客人在任何一个角落都能够看到精彩热闹的球赛。说白了，这位老板的成功，完全得益于他是一位生活中的细心人。由于他的细心，他发现意大利人在球赛到来时，都不愿意到餐馆来的原因并不是意大利人每到赛季就变得吝啬而不愿意花钱了，真正的原因是意大利人深深地爱着足球，如果让他们在美食和足球之间做出选择，他们会毫不犹豫地选择足球。因此，要使顾客回到餐馆，就得有一个两全其美的方法，所以，他才发明了用电视服务招揽顾客的方式，这一方法果然非常有效，使他取得了非常可观的收入。这再次说明，只要你是生活中的有心人，幸运之神就一定会冲过来和你拥抱。

机会往往来得都很突然或者很偶然，所以，只有留心、用心的人才有可能在机会来临的一瞬间捕捉到它。世界上第一个防火警铃就是在实验室的一次实验中偶然发明的。第一个防火警铃的发明者杜妥·波尔索当时正在试验一个控制静电的电子仪器，忽然，他注意到他身边的一个技师抽香烟把仪器的马表弄坏了。开始时，杜妥·波尔索的第一反应是非常懊恼，因为马表坏了必须中止实验，重新再装上一个马表。但他很快地就注意到，马表对香烟的反应可能是一个非常有价值的资讯。这个一瞬间发生的，看似很不起眼的偶然事件促使杜妥·波尔索发明了第一个防火报警警铃，在防火领域做出了突破性的贡献。

不仅是防火报警警铃的发明，其实世界上很多的发明创造都是来自生活中突发的偶然事件。被称为“杂交水稻之父”的我国农业科学家袁隆平发明杂交水稻也是如此。袁隆平有一次在稻田里无意之中发现了一株自然杂交的水稻，由此，他想到目前我们人类所认定的水稻不能杂交的结论可能是个错误的结论。于是，通过艰苦的科学研究，他攻克了一个又一个难关，终于成功地培育出了杂交水稻，从而一举成为足以改变人类命运的世界级的科学家。

面对许许多多这样成功的事例，你也许会说，我成天都坐在果园里，苹果也经常砸在我头上，为什么我就没有发现一个定律？可能你还会说，我一年四季都不停地在稻田里转悠，我的脑子都快要被水稻装满了，我自己也快要变成水稻了，可我怎么就没有发现一株自然杂交的水稻？

确实如此，这就是普通人和牛顿、袁隆平的区别。如果这世界上没有牛顿，我们人类则有可能到现在还不知道万有引力定律；如果这世界上没有袁隆平，那么，人类也许将永远身陷水稻不能杂交的误区。所幸的是世界上却出现了牛顿、袁隆平这样的世界级科学家，从而为人类拨开了一团又一团蒙在科学上的迷雾，使人类得以看见许许多多的光明。

牛顿、袁隆平这些成功人士为什么能捕捉到这些成功的机遇呢？他们与一般人都有什么不同呢？

当然，要捕捉到成功的机遇需要一定的知识技能，这是不言而喻的。要是以知识而论，牛顿的物理学知识、袁隆平对水稻的知识也许并不是最全面、最权威的，相信肯定有很多人在知识技能方面超过了他们。那么，他们到底凭什么而捕捉到了这些成功的机遇呢？他们凭的就是他们那双能够发现机会的慧眼，他们捕捉机遇的法宝就是处处留心，因此，机遇之神才会一次又一次地光顾他们，光顾他们创造的家园。这也就是牛顿、袁隆平与一般人的区别所在。

处处留心皆机遇，人生的机会可能会以多种方式显现在我们面前。要捕捉它，你就得在平时练就一双慧眼，时时刻刻全身心地准备着去迎接、去拥抱每一次光顾你的幸运之神。

第七章　选择交友标准

——有正确的交友方式才会有良性的人际关系

俗话说："一个篱笆三个桩，一个好汉三个帮。"这个世界上没有一个人是全能的，任何人都离不开别人的帮助。在这个讲究人脉的社会里，单靠个人的单打独斗是不可能取得成功的。我们需要朋友的帮助。但选择朋友须慎重，我们需要的是能与我们患难与共、不离不弃，能在生活、事业、学习等方面给我们提供有益帮助的朋友。这样的朋友，才是我们真正的良师益友，才是我们一生最大的财富。

一、人生离不开朋友的相助

1. 千金难买真友情

德国的卡西尔说："没有朋友的人，只能算半个人。"别林斯基说："真正的朋友不把友谊挂在嘴上，他们并不为了友谊而互相要求一点什么，而是彼此为对方做一切办得到的事。"

在当今世界什么都在追赶潮流的年代里，唯有友谊使人们保持着古老的特色。朋友如同文物，越老越珍贵。美国的杰弗逊说："我发觉友情像酒。新酿时生涩，随着年代而醇熟之后，就真是老者恢复体力的兴奋剂。"友谊如同文物和醇酒，越老越显示其价值。

让我们来看看男人的友情吧。男人从小就对友谊充满了种种美好的幻想，他们希望孩提时代的友谊永远牢不可破，彼此之间的竞争友好和善。他们希望亲朋好友能与他同甘共苦，这就是男人的理想。两个同样强壮的男人同心协力，携手并肩，一道走向世界，走向生活，瞧，多么美好！

在这个理想王国之中，一个男人会为他最好的朋友做任何事情。他会为朋友排忧解难，当朋友遇到经济困难时给予他物质和金钱上的资助，他会千里迢迢赶去救助困境中的朋友；为了朋友，即便冒生死之危险也在所不辞。在这个理想王国之中，他渴望向朋友倾吐心底的愁烦；在他蒙难受挫或抑郁不安时，希望得到朋友的慰藉和陪伴。

"这些年，一个人，风也过，雨也走，有过泪，有过错，还记得坚持什么。"周华健一曲《朋友》唱出了朋友的心声，唱出了朋友在人一生中不可替代的位置。

有些人，人缘看起来挺不错，新朋友一个接一个，但是真正需要帮忙的时候，只怕一个可依赖的朋友也没有。

交朋友有点像晒梅干。梅干起初也是新鲜的果子，经过一段时日的酝酿，才制成后来的美味。朋友自然也是由生而熟，在长时间的交往之中，各种不同的思想见解，经由交流和冲突，而获致融洽。两个不同的东西，要完全融合，需要时间，时间是最好的考验。只有在面临变故的时候能够共患难的人，我们才称之为朋友。做人，要和那些“品德高尚，性情良好，站在人生光明面”的人交往。

一些成功人士过去一直生活在消极的环境中，而且周围的人也不断地在他们心灵中注入消极的因素，并且告诉他们哪些事情不能做。他们进入商界即意味着他们开始挑战自我，他们选择了新的环境，开始和新的人打交道，现在，每一个人都开始向他们说，他们能做些什么，他们从经理与同事那里听到了对他们积极的评价。他们每天都看见这种方式在各方面产生的结果。由于他们发现这种喜欢自己的做法实在是更有趣，所以他们几乎立刻开始改变自己的自我形象。

请记住：你会受到你周围的人的大部分思想、举止与个性的影响。即使你的智商也会受到你的环境与伙伴的影响。

曾有人做过这样的试验，测试东方犹太儿童和欧洲犹太儿童的智商，地点选在以色列的克伊布兹。各项实验的结果显示，东方犹太儿童的智商平均为85，而欧洲犹太儿童的平均智商为105。这证明欧洲犹太儿童比东方犹太儿童要来得聪明些。可是当他们都在克伊布兹住过4年以后，由于当地环境是积极的，学习环境良好，而且学习的氛围相当浓厚，所以平均智商都达到了115的相同水准。

这个试验给我们一个很好的启示，当我们跟具有积极的思想、乐观的心态、品德高尚的人士做朋友时，成功的机会也就大大增加了。

朋友，应该是在我们痛苦时给我们安慰，悲观、沮丧时给我们鼓励，艰难困苦时给我们帮助与扶持，欢乐时与我们共分享的人。无法想象，这个世界缺少了友谊会变成什么样子。友谊是感情的凝结，是心灵的交流，是经过岁月洗礼的真金，是精神世界最可贵的财富。

2. 择友就择诤友

每个人的一生中，需要很多朋友，也需要几个志同道合的挚友，他们是我们的人生寄托，更会对我们的事业产生极大的帮助。

在卡耐基的一生中，友谊是其生活的重要组成部分，他说："如果没有友谊，我就无法活下去。"

卡耐基共结交了三位挚友：赫蒙·克洛依，法兰格·贝克尔和罗威尔·汉姆斯。

赫蒙·克洛依是来自卡耐基故乡玛丽维尔的作家，自幼就聪明过人，还在小学时代，就在《哈里》杂志上发表过文章，也算是小有名气。

卡耐基和他都是从玛丽维尔走向纽约的，但赫蒙·克洛依似乎更幸运些，他在《圣约瑟夫报》、《圣约瑟新闻》担任记者之后，找到了一个最适合他的职位——巴特瑞克出版社杂志编辑欧多干的助理。

刚开始时，他们两人并没有什么交往，在一次偶然的度假中，卡耐基遇上了克洛依，两人交谈起来，讲述了各自在纽约的奋斗经历。

卡耐基在和克洛依的一系列交往中，逐步建立起了深厚的友谊，成为一生的挚友，关系一直持续到卡耐基逝世。

两人都有共同的兴趣爱好，喜欢旅游，而且还经常一同出去游泳。

一次游泳中，克洛依问卡耐基：

"亲爱的戴尔，为什么不尝试写作呢?"

"我正在积极地准备"，卡耐基兴奋地回答。

从此，卡耐基提起了笔，下定决心进行创作，在卡耐基一生的畅销书创作中，克洛依的帮助功不可没。

卡耐基对克洛依在他成功道路上起的作用，非常感谢，为此，他特意在《影响力的本质》一书的扉页上写了一段话赠给克洛依，他写道：

“让我以最高的名誉把此书献给我最尊敬、最重要、最诚实的朋友。”

法兰格·贝克尔曾是卡耐基的学生，他们的友谊是在卡耐基培训班上开始的。

对于卡耐基来说，贝格尔简直就像是位明星学生。因为他从卡耐基课程毕业后，其事业蒸蒸日上。

贝克尔用他的实际行动来证明卡耐基理论的高明。

为了表示对卡耐基课程的支持，他特别希望能帮助那些处于贫困或者事业无法拓展的人们。因此，他也成了卡耐基家中的常客，因为他永远记着卡耐基对他的帮助。

他们的州际旅行演说也获得了空前的成功，在每个州的演说中，会堂都坐得满满的，大家都争先恐后地去听卡耐基和贝克尔的讲演。

每次讲演后，听众们总是渴望与卡耐基进行直接的交流，而有些则非常崇拜贝克尔，因为他是从一无所有到拥有百万财产的成功典型。

通过这位全美最佳行销人员的大力推荐，确实有助于卡耐基的教学发展，而且从贝克尔的见地中，卡耐基也学到了很多新的知识。

而与罗威尔·汤姆斯的交往之始，完全出于偶然。

汤姆斯在普林斯顿大学时，为了赚取一些零用钱，接受到普林斯顿一带的地方俱乐部及社区中解说去年夏天访问阿拉斯加情形的报告。

汤姆斯为了完成任务，为即将来临的讲演做准备，决定去纽约拜访卡耐基。他们两人合作并取得了轰动性效应，从此以后，卡耐基和汤姆斯成了好朋友。

当汤姆斯雄心勃勃地想以一种兴奋、乐观、激动的第一手资料表达方式，发表题为“与爱拜斯在巴勒斯坦及阿拉伯的劳伦斯”的演说时，在他脑海中涌现出的第一个人便是戴尔·卡耐基，这个曾经帮他获得巨大成功的真正朋友。

接到电报后，卡耐基略做准备，便匆匆地收拾行装奔赴伦敦。

终于，功夫不负有心人，首场演出获得了轰动性的成功，伦敦的新闻界整天都对此进行报道。

这是卡耐基演讲中一次新的尝试，他心甘情愿地做朋友的助手，帮助朋友的事业取得成功。

初次的成功给他们带来了极度的喜悦。他们开了一个小小的庆功会，汤姆斯端着一杯酒对卡耐基说："为我们的友谊而干杯，为我们的事业成功而干杯！"卡耐基举杯回祝。

以后的演出吸引了越来越多的观众，他们成群结队地前往皇家阿伯特尔大厅，甚至也有不少人从英国的其他城市赶来观看演出。

演出任务完成后，卡耐基满怀喜悦地返回纽约。

对卡耐基而言，友谊的感受是非常深刻的，而他对增进友谊也是全身心地投入的。

如果一个人孤独地在社会上生活，身边没有一个能够信赖的朋友，他的事业是肯定不会成功的。

卡耐基事业的成功固然与他自己的艰苦奋斗分不开，但是，如果没有这些挚友的支持和帮助，卡耐基的成功就不会如此辉煌。

二、与志同道合者深交

1. 要靠得稳，先行得正

在中国，中庸之道是一种至高的做人境界。掌握了中庸之道，便会在生活中游刃有余。交友是生活的一部分，同样要讲中庸，除了“淡而不厌”之外，还要“简而文”，“温而理”，即简略而文雅，温和且合情理。

交朋友，千万不可以自我为中心，让朋友围绕着你的爱好转，让一个世界都是你的色彩，也不能自我感觉良好。“和而不同”，尊重自己，尊重朋友，你也不必跟在朋友的后面，亦步亦趋，更不必强迫人意，使人同己。客观、冷静、明智，才不会举措失当。

历来人们都主张知人而交，对不很了解的人，应有所戒备，对已经基本了解、可以信赖的朋友，应该多一些信任，少一些猜疑，多一些真诚，少一些戒备。对可以信赖的人，真真假假，含含糊糊，是不明智之举。我国著名的翻译家傅雷先生说：“一个人只要真诚，总能打动人的，即使人家一时不了解，日后便会了解的。”又说：“我一生做事，总是第一坦白，第二坦白，第三还是坦白。绕圈子，躲躲闪闪，反易叫人疑心。你耍手段，倒不如光明正大，实话实说。只要态度诚恳、谦卑、恭敬，无论如何人家不会对你怎么的。”

以诚待人，要坦荡无私，光明正大。一旦发现对方有缺点和错误，特别是对他的事业关系密切的缺点和错误，要及时地指出，督促他立即改正。虽然人总是不喜欢被批评，但意识到批评者确实是为自己着想时，便能理解接受。使彼此的心灵得以沟通，友情得到发展。

以诚待人，应当知人而交。当你捧出赤诚之心时，先看看站在面前的是什么人，不应该对不可信赖的人敞开心扉，否则，适得其反。

要想得到知己的朋友，首先要敞开自己的心扉。要讲真话、实话，不遮遮掩掩、吞吞吐吐，以你的坦率换得朋友的赤诚和爱戴。正如谢觉哉同志在诗中写道：“行经万里身犹健，历尽千艰胆未寒。可有尘瑕须拂拭，敞开心肺给人看。”

以诚待人，能在可以信赖的人们之间架起心灵的桥梁，通过这座桥梁，打开对方心灵的大门，并在此基础上并肩携手，合作共事。自己真诚实在，表露真心，“敞开心扉给人看”，对方会感到你信任他，从而卸下猜疑、戒备心理，把你作为知心朋友，乐意向你诉说一切。心理学家认为，每个人的思想深处都有内隐闭锁的一面，同时，又有开放的一面希望获得他人的理解和信任。然而，开放是定向的，即向自己信得过的人开放。以诚待人，能够获得人们的信任。以一个开放的心灵换取到一位用全部身心帮助自己的朋友，这就是用真诚换来真诚。如果人们在发展人际关系中，能用诚信取代防备、猜疑，就能获得出乎意料的好结局。

很多人交友是为求心灵的沟通。人除了物质，还有意识，吃饱喝足，就要想事情，而这些事情，老是憋在心里是很难受的，必须找人来交流宣泄。无论是情感隐私，还是遭遇，憋在心里，时间久了，便如鲠在喉，不吐不快。

君子之交，是为了心灵的沟通，并不具有功利的思想。而它对中国人影响之深也令人感叹。在一个特别重视交际、讲究关系的民族中，是不该以“不善交际”为美德的。最重要的原因就是君子之交，因为它强调的是“淡、简、文”，甚至“木讷”。

君子之交淡如水，是道家庄子的名言，与儒家《中庸》上的“君子之道，淡而不厌”，是一个道理。君子的交友之道，如淡淡的流水，长流不息，源远流长。现代人将交友比作花香，说“友谊就像花香，越淡就越持久”，也与古人有异曲同工之妙。

2. 感情投资让你朋友遍天下

一个人可以有好几种投资，对于事业的投资，是买股票；对于人缘的投资，是买忠心。买股票所得的资产有限，买忠心所得的资产无限；买股票有时会亏本，买忠心始终能让自己活得顺心如意，股票是有形资产，忠心则是无形的资产。

很多人都有一本或数本的银行存折，如果你年初存5000元，到了年底，你会发现，存折上不只是5000元，还有利息，人际关系也是如此。

真正聪明的人，是在自己能力范围之内尽量“给予”的人。而受到此种看似不求回报好意的人的恩惠，只要稍微有心，对方绝不会毫无回礼的，也会在力所能及的情形下与你合作。透过这种交流，彼此关系会越来越亲密，终至成为对你很有用的人。

在日常生活中遇到意想不到的人的好意，往往会带给人意外之喜。这种情形下，心中常常只有感动二字。所以，为了要让对方脑海中为自己留下深刻的印象，一些意想不到的行动是很有效果的。

例如，无事时去看一位相识的朋友，或者可能只是顺道拜访，却也足以让人开心。因为对方会觉得你是真的关心他，否则不会想起拜访他，此时或会对你心有感激。

人是高级的感情动物，注定要在群体中生活，而组成群体的人又处在不同的阶层，适当时进行感情投资，有利于拉近人与人之间的距离，并且会让你拥有良好的人际关系。

懂得存情的聪明人，平时就很讲究感情投资，讲究人缘，其社会形象是常人不可比的，遇到困难很容易得到别人的支持和帮助。因此，这样的聪明者其交友能力都较一般人占有明显的优势。

赢得好人缘要有长远眼光，要在别人遇到困难时主动帮助，在别人有事时不计回报，“该出手时就出手”，日积月累，留下来的都是人缘。冷庙烧香，有备无患，这是赢得好人缘的重要原则。

平时不烧香，临时抱佛脚，菩萨虽灵，也不会来帮助你的，因为你平时目中没有菩萨，有事才去找，菩萨哪肯心甘情愿地做你的利用工具！所以你应该在平时烧香，表现出你的真诚，不但目中有菩萨，心中也有菩萨，你的烧香，完全出于敬意，而绝不是做买卖，一旦有事，你去求他，他对你有情，自肯帮忙。

你的素识之中，有没有怀才不遇的人？如果有，这个朋友，是个有灵的菩萨，应该像看待热庙一样看待他，时常去烧烧香，逢到佳节，送些礼物。他是穷菩萨，你送的礼物，务求实惠。虽然他一时不能还礼，一旦他日后否极泰来，他第一要还的人情账当然是你的。他有还账的能力时，你虽然不去请，他也会自动还你。

即使他仍在坎坷中，请求他帮你，他也一定会尽力去完成，而且不惜乞援于人，以达到你的目的，而实现还人情账的心愿。所以冷庙烧香，是有利而稳健的人情投资。

聪明者的人情投资不会太讲近利。讲近利，就有如人情的买卖，就是一种变相的贿赂。对于这种情形，凡是讲骨气的人，就会觉得不高兴，即使勉强收受，心中也总不以为然。即使他想回报你，也不过是半斤八两，不会让你占多少便宜。而你想多占一些人情上的便宜，必须在平时往冷庙烧香。平时不屑到冷庙烧香，有事才想临时抱佛脚，冷庙的菩萨虽穷，绝不稀罕你上这一柱买卖式的香。一般人以为冷庙的菩萨一定不灵，所以成为冷庙。殊不知穷困潦倒的英雄常有，只要风云际会，就能一飞冲天，一鸣惊人。

法国有一本名叫《小政治家必备》的书，书中教导那些有心在仕途上有所作为的人，必须起码搜集 20 个将来最有可能做总理的人的资料，并把它背得烂熟，然后有规律地按时去拜访这些人，和他们保持较好的关系，这样，当这些人之中的任何一个当起总理来，自然就容易记起你，到那时就大有可能请你担任一个职位了。

这种手法虽然看起来有点小人之见，却是非常合乎现实的，要和别人有交情，别人才能有理由拉你、推荐你，不然的话，任你有登天本事，别人也不知道的。

现代人生活忙忙碌碌，没有时间进行过多的应酬，日子一长，许多原本牢靠的关系就会变得松懈，朋友之间逐渐互相淡漠，这是很可惜的。希望有大发展的人，一定要珍惜人与人之间宝贵的缘分，即使再忙，也别忘了沟通感情。

“敢问情为何物，直叫人生死相许”，普通人都难逃脱一个“情”字。尽管当今社会流行一句话“认钱不认人”，但是“人情生意”从未间断过。人既然能够为情而死，那么为情而做生意又有什么不可？想想也是人之常情。

很多人都有这样的毛病：一旦关系好了，就不再觉得自己必须去保护他了，特别是在一些细节问题上，例如该通报的信息不通报，该解释的情况不解释，总认为反正我们关系好，解释不解释无所谓，结果日积月累，形成难以化解的问题。

而更糟糕的是人们关系亲密之后，总是对另一方要求越来越高，总以为别人对自己好是应该的；但是稍有不周或照顾不到，就有怨言。长此以往，很容易形成恶性循环，最后损害双方的关系。

我们要学会善待每一个朋友，适时地进行感情投资很必要。真正做到从细小处着眼，时时落到实处。

3. 朋友面子比你的面子重要

中国人历来把面子问题看得很重，所谓“人活一张脸，树活一张皮”。你在与朋友交往时，一定要时时处处给对方留面子，这样你们的关系才会维持长久，因为很多中国人可是死要面子活受罪的。

“死要面子”，就是说宁愿死，也要面子，孔子的高徒子路也是这样，他为了不丢士的面子，不惜结缨而去，甚至有的人，即便死了，也要争面子。

楚成王实在是一位不怎么样的国君，他不是死在别人手里，而是死在自己儿子手里。公元前268年，他的儿子商臣，也就是后来的穆王，带兵来逼宫。可笑的是，成王请求吃了熊掌之后再死，儿子却不给老子这个面子，认为那样太浪费时间，让他早点上路。他没办法，只好去吊死。吊死后，又不肯闭上眼睛，因为拿不准他的子孙会给他一个什么样的谥号。谥号是古代帝王、诸侯、卿、大夫死后获得的，一个带有盖棺定论性质的称号，这是一个总体的评价，是死者最后的面子。起初，子孙们议定的谥号是灵，乱而砂损曰灵。他一听，不肯闭眼睛，子孙没法，见他死不瞑目，只好改为“成”，安民立政曰成，他这才满意地将眼睛闭上。

死要面子还有一种情况，为了面子让别人死。

公元前605年，楚人献给郑灵公一个特大的鳖，灵公用它来大宴群臣，却唯独不让子公吃。这是因为，一次上朝，子公的食指突然动了起来，他便对别的大夫说，我的食指一动，就能尝到非同一般的美味。灵公听了，偏要让子公的话不能实现，这显然是不给子公面子。子公为挽回面子，就径直走向烹鳖的鼎前，染指于鼎，尝之而出。子公挽回了自己的面子，却扫了灵公的面子。双方只好翻脸，只不过子公抢先一步，弑杀灵公，并给他弄一个“灵”的谥号，让他永远没有面子。

想想灵公死的真不值，就因为扫了别人的面子，便遭到杀身大祸，死了依旧没有面子。

每个人都需要面子，而且也都希望自己有面子，有面子就能被别人看得起，表明他在人群中间有优越感。懂得这个道理，交友就方便许多，只要你能放下自己的面子，给朋友一个面子，相信对你们双方都有好处。

不过这种面子必须是你给朋友的，而非自己争的。争面子与己与友，都没好处，只会伤了和气。

西晋的款爷石崇与王恺斗富，就是典型的面子之争。王恺用麦糖掺米饭擦锅，石崇就用蜡烛煮饭；王恺用紫丝布做步障四十里，石崇就做锦布障五十里；王恺用赤石脂涂墙，石崇就用花椒和泥来涂，最后，弄得晋武帝也来帮忙，他赐给王恺一支二尺高的珊瑚树，枝桠扶疏，世罕其比。没想到石崇根本没把它放在眼里，拿起他的铁如意就敲过去，珊瑚树应声而碎，他回头吩咐左右回家取出珊瑚树，让王恺任意选取，有三尺高的，四尺高的，弄得王恺惘然若失，垂头丧气。石崇就不会来事，不会忍让朋友，一下子让王恺的面子丢尽。他比王恺富有，这是一个事实，他却非比不可，比的结果，自然是他面子十足。无论王恺接受不接受珊瑚树，有一点是肯定的，面子伤了，谈交情就谈不上了。

和朋友交往时，首先就是要懂得如何照顾朋友的面子。倘若你自恃自己的面子大，不把别人放在眼里，碰上死要面子的朋友，就可能不吃你那一套，甚至可能撕下脸皮和你对着干，这样常会把所结成的关系搞糟。

懂面子，你还得去要面子，假若你请朋友吃饭，而朋友不太领情，这时，你便不能割袍断交，你要学会去要面子，你要说看在多年交情的份上，给我一个面子。只要他给了你面子，他吃了饭，那么，他的人情算欠下了，即使饭是朋友给你面子才吃的。送礼也一样，让朋友给个面子收下，这个面子你得去要。

老李帮老朋友办了件事，老朋友和妻子拿了些礼品登门道谢，老李觉得自己只是举手之劳，就死活不收礼，没想到老朋友一去就再没跟他联系过。老李打电话一问，朋友在电话里说：提礼物去看你，愣被你推出来了，知道那天我怎么从你家走出来的吗？”老李这才知道怎么回事，道歉之后两人又和好如初了。

另外的一点，给面子要给得恰当，不恰当就是不给面子。如果被请之人面子很大，而又未受到应有的待遇，则成了极伤面子的事情。

在与朋友交往时，给对方留面子是对对方的一种最起码的尊重，我们都不愿意别人伤我们的面子，同样我们更不该伤别人的面子。与朋友交往面子绝不是小问题。明白了这个道理，我们才会拥有更多的朋友，我们的人际关系才会更加顺畅。

三、远离损友，交友也有艺术

1. 有些朋友应尽早断绝彼此往来

每个人都有一种了解别人的愿望，因为只有了解别人之后，你才能在交友时有所选择。

人是很复杂的，了解一个人并不是一件简单的事。但只要我们注意观察，就可以通过一个人的喜好了解他的素质、修养和品德。

物以类聚，人以群分。只有性情相近、脾气相投的人才能走到一块儿成为朋友。如果对方的朋友都是一些不三不四、不伦不类的人，他的素质不会太高；如果他结交的都是些没有道德修养的人，他自己的修养也不会太好。有的人交朋友以性格、脾气取人，能说到一块就是朋友；有的人则以追求取人，有相同的追求就能成为朋友；有的人则因为爱好相同而走到一起。但无论如何，只有二人修养相当、品质差不多时才能成为永久性的朋友。所以，了解一个人的朋友，也就了解了这个人。

想了解一个人，还可以观察他是怎样对待别人的。

人在得意时，特别爱诉说他与别人在一起交往的情景，他说的时候是无意的，不会想到他与被说人有什么关系，所以，一般比较真实。

如果对方当着你的面说自己如何沾了别人的便宜，如何欺骗了对方等等，那你以后就得对他注意一点儿，有可能他也会这么对待你。

还有一种人比较圆滑，好像很会处世似的，往往是当面一套，背后一套，当着你的面说你如何如何好，别人如何如何不好，聪明的人就得注意这种人了，因为他在背后说人坏，就有可能在你背后说你坏。

而有一种人可能当面批评你，指出你的缺点来，却又在你面前夸奖别人的优点，你也许不愿接受他这种直率，但这种人却是非常值得信赖的人。

另外，看一个人如何对待妻子、儿女、父母，就可以分析出这人是否有责任感，自私还是不自私。

你可以通过他是否按时回家，有急事时是否想着通知家人，说起家人时感觉是否很亲切等等，从这些细节可以看出他对家人的态度。一个不把家人放在心上的人是不会把朋友放在心上的。这种人往往心里只装着自己，只关心自己的得失安危，根本就不会想到朋友。所以交往时要注意尽量不要与那些没有家庭观念的人结交。

3. 三教九流择其善

你交朋友是不是有一定的选择性？你是不是认为所有你喜欢的人都能作为你的朋友？你是希望自己的朋友多多益善，还是希望自己的朋友只有那么几个，真正是“宁缺毋滥”？

一个朋友向你借一笔钱应急，你倾囊而出，因为相信友情的真挚，你没有让对方给你打欠条。不久以后，你因为某种原因，需要一部分资金，因而前去索要对方的欠款，而你也相信对方已经有了偿还能力，但令你气愤和吃惊的是，对方矢口否认曾经借过你的钱，甚至说自己从来就没有借过钱。事实上，对方正是靠你的那笔钱才重新又把事业发展起来，面对这种情况，你还相信友情吗？

或者是这样的一番情景：你和一个朋友都是跑同一产品的销售业务的，不同的是，你为 A 厂服务，而你的朋友却为 B 厂服务。某一天，你和朋友同时获悉某大企业急需大量你们所推销的这种产品，于是你们同时前往该企业进行洽谈，为了友情，你们相约对方的订货量每人分一半，也好向自己的企业有个交待，反正一半的数量也非常大。通过洽谈，该企业觉得你们所推销的产品都符合要求，而且同意了你们一人分一半订货量的建议，三方协商于某日签订正式供货合同。届时，你如约而至，但该企业却说早已与人签订了合同，而供货方正是你的朋友所代表的企业。

我们希望友情能够永久，能够越经患难越显真诚，但是友情还是经常遭到无情的践踏和破坏。是我们的友情不值得珍视吗？不！是利益的驱动让那些人丧失了良知！社会中的人越来越复杂，而我们也要努力使自己能够适应复杂。我们会无比怀念困厄之中朋友伸过来的坚实的手臂，也同样不会忘记自己付出的真挚友情被某些人无情地遗弃甚至加以利用。我们珍视真正的友情，同时也要有效地防止某些人对友谊的不良企图、利用或者欺骗。

那么，我们怎样才能做到这一点？不要忘了我们的忠告和提议："害人之心不可有，防人之心不可无。"既然你借钱给你的朋友，那你为什么不让对方打个借条？你不让对方打借条并不能证明你更珍视你们的友情，而你让对方打借条也丝毫不能说你漠视你们之间的友情。至于合约，朋友是朋友，而合约则是合约，日久生变，你应该立即就和对方签订合约，或者你也应该注意朋友的举动。现在，南方许多地区连朋友出去吃饭都要实行AA制，大家均摊饭钱，除非有人先声明请客。这不能证明他们的友情观念淡漠，相反，他们都能在朋友需要的时候毫不犹豫地出手相助。亲兄弟还得明算账，这句俗话应该为我们所牢记。

想欺骗你的感情、做你的朋友的人，会对你不停地诉说自己的一切，对你的真诚感情，对你的亲近之心，甚至会声泪俱下，相对来说，他们更关心你的成功，而尽量不去过问你的失败和你的困境。对于这些人，如果你已经看透他们的用意，那么你不可能会让他们成为自己的朋友，但也绝不能让他们成为你的敌人。小人得势的破坏力量往往会超出你的想象，而他们也往往会穷凶极恶，不惜一切地疯狂报复得罪过他们的人。鉴于此，你要心存戒备地周旋，你要装作很乐于接受他们，很被他们的交往之意感动的样子，最重要的原则是，你千万不能伤害他们的表演欲望和对你的亲近之心，毕竟人家也是费了很大力气的嘛！

记住，如果你一时无法确定一个人是敌还是友，而对方又一直将自己的感情掩藏得非常隐蔽，那么给对方一个充分的时间和空间表演自己。时间是判断一个人对你的感情真假的最好凭证。不管对方多么擅长于表演，多么擅长掩饰自己的感情，他（或她）也会偶有失误的时候。对方的失误，是你最好的契机，抓住了，对方便会渐露端倪，并最终露出狐狸的尾巴来；如果你无法抓住，或者你一直在寻求与对方共同表演的机会，那么你不但无法看到对方的感情，反而会变成对方眼中的透明物。

如果你足够细心，你就能从别人对你说话的态度上判断你的选择目标，从而能够将人群加以区分。记住，如果你足够老练，如果你细心体会，不管对方多高明，你都会有制敌之术，从而免受伤害。

大千世界，纷繁复杂。人与人之间的关系更是微妙复杂。这就要求我们在与人交往时要努力培养一双“火眼金睛”，善于识别“真朋友”还是“伪朋友”，如果不幸让你碰到一个市侩小人之类的“朋友”，那么你最好对他“敬而远之”，沾上他会令你后患无穷。

四、交友必须保留原则

1. 距离产生美

有人以为，朋友之间就要亲密无间，称兄道弟，甚至要成为“死党”。其实，多数朋友只是普通朋友，真正可称为“死党”的朋友并不多。

但在生活中我们也常发现，一些“死党”到后来还是散了，有的是“缘尽情了”式的散，有的则是“不欢而散”式的散，无论怎么散，就是散了。

人能有“死党”是很不容易的，可是散了，却又非常可惜。

而“死党”一散，尤其那种“不欢而散”的散，要再重新聚在一起是相当不容易的，有的甚至根本无再见面的可能。

人一辈子都不断在结交新的朋友，但新的朋友未必比老的朋友好，失去友情更是人生的一种损失，因此每一个人都应该把握好交友的分寸与尺度，即使是好朋友也要保持距离。

这话听起来是有些矛盾，好朋友才应该常聚首，保持距离不就疏远了吗？

问题就出在“常聚首”上，很多“死党”就是因为一天到晚在一起，所以才散了。为什么呢？

人之所以会有“一见如故”、“相见恨晚”的感觉，之所以会有“死党”的产生，是因为彼此的气质互相吸引，一下子就越过鸿沟而成为好朋友，这个现象无论是异性或同性都一样。但再怎么相互吸引，双方还是会有些差异的，因为彼此来自不同的环境，受不同的教育，因此人生观、价值观再怎么接近，也不可能完全相同。当二人那种热情高涨的情绪一过，便不可避免地要接触彼此的差异，于是从尊重对方，开始变成容忍对方，到最后成为要求对方。当要求不能如愿，便开始背后的挑剔、批评，导致友谊的破裂与结束。

很奇妙的是，好朋友的感情和夫妻的感情很类似，一件小事也有可能造成感情的破裂。有一位先生，他和租同一栋房子的房客成为朋友，后来因为对方一直不肯倒垃圾，他认为受到了不公平的对待，于是愤而搬出去，二人此后未再往来过。

所以，如果有了好朋友。与其太接近而彼此伤害，不如保持距离，以免产生不必要的摩擦。

人说夫妻要相敬如宾，如此自然可以琴瑟和谐，但因为夫妻太过接近，要彼此相敬如宾实在很不容易。其实朋友之间也要相敬如宾，而要相敬如宾，保持距离便是最好的方法。

何谓“保持距离”？简单地说，就是不要太过亲密，一天到晚都在一起。心灵是贴近的，但肉体是要保持距离的。

能保持距离就会产生“礼”，尊重对方，这礼便是防止对方碰撞而产生伤害的“海绵”。

有时太过保持距离也会使双方疏远，尤其是经济社会，大家都忙，很容易就忘了对方。因此对好朋友，也要打打电话，了解对方的近况；偶尔碰面吃吃饭，聊一聊，否则就会从好朋友变成朋友，最后变成只是认识。

也许你会说，好朋友就应该同穿一条裤子，彼此坦诚相见不分你我。

能这样想很好，表示你是个可以肝胆相照的朋友，但问题是，人心是很复杂的，你能这么想，你的好朋友可不一定这么想；到最后，不是你不要你的朋友，而是你的朋友不要你。更何况，你也不一定真的了解你自己，你心理、情绪上的变化，有时连你自己都不能掌握。

和好朋友相处，一定要把握好分寸和尺度。距离不能太近，也不能太远，做到“相敬如宾”是至高的境界。想使自己的人生更加丰富多彩，想要拥有更多的朋友，就要做到与好朋友保持一定的距离。

2. 朋友也需分“等级”

孔子说：有益的朋友有三种，有害的朋友也有三种。同正直的人交朋友，同诚实的人交朋友，同见闻广博的人交朋友，这是有益的；同惯于走邪道的人交朋友，同惯于阿谀奉承的人交朋友，同惯于花言巧语的人交朋友，这是有害的。因此，面对复杂的人际关系，你应该把朋友分为几个等级，这样就能保护自己免受伤害。

有两个年轻人在旅途中相遇了，共同的话题使他们很快成了朋友。

一个年轻人说：“我们已经是朋友了，我们应该相互帮助。”

另一个也说：“是的，朋友的友谊是人间最宝贵的财富。”

他们行走在山间的树林中，正说着这些热切的话时，突然从远处走来一只庞大的熊。

第一个年轻人叫了一声“不好”，便迅速地爬到了身边的一棵大树上。

另外一个人不会爬树，他想让朋友拉自己一把，而朋友却只顾自己的性命，根本就没有理会他。

熊越来越近了，他急中生智趴在树下装死。

熊来到树下，看到树下的“死人”，用鼻子在他耳边嗅了好半天。才慢慢离开了。

看到熊走远了，树上的人才下来。他很疑惑地问：“刚才熊在你耳边对你说了什么？”

树下的那个人说：“它是在告诉我，并不是每个朋友都是真心的。只有分清了朋友的等级。才能避免自己不被人伤害。”

有个地方官员，朋友无数，三教九流都有，他也曾向人夸耀，说他朋友之多，天下第一。

他的邻居，当然也是他的“朋友”之一，曾问他，朋友这么多，你都同等对待吗？

他沉思了一下，说：“当然不可以同等对待，要分等级的。”

他说他交朋友都是诚心的，不会利用朋友，也不会欺骗朋友，但别人来和他做朋友却不一定是诚心的。在他的朋友中，人格高尚的朋友固然很多，但想从他身上获取一点利益、心存坏意的朋友也不少。

“对心存歹意、不够诚恳的朋友，我总不能也对他推心置腹吧，那只会害了我自己呀。”

所以，在不得罪朋友的情况下，他把朋友分了“等级”，有“刎颈之交级”、“推心置腹级”、“可商大事级”、“酒肉朋友级”、“点头哈哈级”、“保持距离级”等等。

他就根据这些等级来决定和对方来往的密度和自己心窗打开的程度。

他曾说：“我过去就是因为对朋友一律同等对待才受到了不少伤害，包括物质上的伤害和心灵上的伤害，所以今天才会把朋友分等级。”

把朋友分等级听来似乎太无情，但听了那位官员的话，你是否也觉得分等级的确有其必要吧，因为这可以保护自己免受别人的伤害。

要把朋友分等级其实不容易，因为人都有主观的好恶，所以有时会把一片赤心的人当成一肚子坏水的人，也会把凶狠的狼看成友善的狗，甚至在旁人点醒时还不能发现自己的错误，非得到被朋友害了才大梦初醒。所以，要十分客观地将朋友分等级是十分难的，但面对复杂的人性，你非得勉强自己把朋友分等级不可。心理上有分等级的准备，交朋友就会比较冷静客观，可把伤害程度减到最低。

要把朋友分“等级”，对非常重感情的人可能比较难，因为这种人往往在对方尚未把你当朋友时，他早已投入感情；而且把朋友分等级，他也会觉得有罪恶感。

不过，任何事情都要经过学习，慢慢培养这种习惯，等到了一定年纪，自然热情冷却，不用人提醒，也会把朋友分等级了。

分等级，可像前述那位官员那样分，也可简单地分为“可深交级”和“不可深交级”。

可深交的，你可以和他分享你的一切，不可深交的，维持基本的礼貌就可以了。这就好比客人来到你家，真正的客人请进客厅，推销员之类的在门口应付应付就行了。

另外，也要根据对方的特性，调整和他们交往的方式。但有一个前提必须记住，不管对方智慧多高或多有钱，一定要是个“好人”才可深交，也就是说，对方和你做朋友的动机必须是纯正的。不过，人常被对方的身份和背景所炫惑，结果把坏人当好人，这是很多人无法避免的错误。

如果你目前平平淡淡或失意不得志，那么不必太急于把朋友分等级，因为你这时的朋友不会太多，还能维持感情的朋友应该不会太差。但当你有成就了，手上握有权和钱时，那时你的朋友就非分等级不可了，因为这时的朋友有很多是另有所图，不是真心的。

第八章　选择快乐心情

——学会放弃负重心态

如果有人向我们提出这样一个问题:“人活着什么最重要? ”相信大多数人的答案是一致的:那就是快乐最重要。怎样才能获得快乐?首先就是要拥有一个良好的心态。现代社会,很多人活得不快乐,是因为他们有太多的欲望,渴望拥有的东西太多,同时对名利等身外之物过于患得患失,始终让自己活在负重的心态中,这样怎么会快乐呢?放弃负重的心态吧!尝试让自己快乐起来,只有选择快乐的心态才能让你开创出幸福美好的生活。

一、贪婪只会让你一败涂地

1. 你不是金钱的奴隶

赚钱是为了活着，但人活着绝不是只为了赚钱。假使人活着只把追逐金钱作为人生唯一的目标和动力源泉，那人将是一种可怜的动物——因为这样的人生已被金钱所奴役。

人们常说："金钱是万恶之源。"认为金钱让人堕落，让人犯罪，让人痛苦，让人毁灭。但是《圣经》上说："贪钱是万恶之源。"这两句话虽然只有一字之差，却有很大的差别。

美国石油大王洛克菲勒出身贫寒，在他创业初期，人们都夸他是个好青年。当黄金像贝斯比亚斯火山流出岩浆似的流进他的口袋里时，他变得贪婪、冷酷。深受其害的宾夕法尼亚州油田地方的居民对他深恶痛绝。有的人做出他的木偶像，亲手将"他"处以绞刑，或乱针扎"死"。无数充满憎恶和诅咒的威胁信涌进他的办公室。连他的兄弟也十分讨厌他，特意将儿子的遗骨从洛克菲勒家族的墓地迁到其他地方，他说："在洛克菲勒支配下的土地内，我的儿子变得像个木乃伊。"

由于洛克菲勒为金钱操劳过度，身体变得极度糟糕。医师们终于向他宣告一个可怕的事实，以他身体的现状，他只能活到 50 岁；并建议他必须改变拼命赚钱的生活状态，他必须在金钱、烦恼、生命三者中选择其一。这时，离死不远的他才开始省悟到是贪婪的魔鬼控制了他的身心。他听从了医师的劝告，退休回家，开始学打高尔夫球，上剧院去看喜剧，还常常跟邻居闲聊。经过一段时间的反省，他开始考虑如何将庞大的财富捐给别人。

开始的时候，人们不愿接受他的捐赠，即使是自视为宽容大度的教会也把他捐赠的“脏钱”退回，但诚心终归能打动人，渐渐人们接受了他的诚意。

然而，找他捐钱的人太多了。无论早晨或夜晚，无论是上班时间还是用餐时刻，都会有人来请他捐钱。有一次，一个月内请求捐助的人数竟超过5万人。由于洛克菲勒要求每一笔捐款都必须有效地使用，所以每一件申请案均须仔细调查。面对那么多的求助者，他急得直跳脚。

他的助手盖兹提出忠告：“您的财富像雪球般越滚越大。您必须赶紧散掉它，否则，它不但会毁了您，也会毁了您的子孙。”

洛克菲勒告诉盖兹：“我非常了解，请求捐助的人实在太多了，但我一定要先弄清楚他们的用途才肯捐钱。我既无时间也无精力去处理此事，请你赶快成立一个办事处，负责调查此事。我根据你的调查报告采取行动。”

于是，在1901年，设立了“洛克菲勒医药研究所”；1903年，成立了“教育普及会”；1913年，设立了“洛克菲勒基金会”；1918年，成立了“洛克菲勒夫人纪念基金会”。

洛克菲勒一生之中共捐了数以亿计的财富，他的捐助，不是为了虚荣，而是出自至诚；不是出于骄傲，而是出自谦卑。

他后半生不做钱财的奴隶，喜爱滑冰、骑自行车与打高尔夫球。到了90岁，依旧身心健康，耳聪目明，日子过得很愉快。

他逝世于1937年，享年98岁。他死时，只剩下一张标准石油公司的股票，因为那是第一号，其他的产业都在生前捐掉或分赠给继承者了。

你如果不做金钱的主人，便会成为金钱的奴隶。其间的差别，完全取决于你能否认清金钱的力量，以及是否掌握了处理金钱的方法。把钱用于正道，才会使你清廉做人，并受益终生。这完全是一念之间的事。

钢铁大王安德鲁·卡内基也说：“一个人死的时候还极有钱，实在死得极可耻。”

我们要告诉大家一个基本的哲学命题：做金钱的主人，不要做它的奴隶！

换句话说，不要被金钱束缚，单是这个基本的想法，就值得跨越任何时代而铭记在心。我们虽然难以达到洛克菲勒的境界和卡内基所说的标准，但作为普通的人，却可以活出自己的活法。

诚如托尔斯泰所说的那样：钱只有在使用时才会产生它的价值，如果放着不用，就根本毫无意义。

让金钱为我所用，为人所用，而不要成了不肯花钱的可怜的守财奴，这样的人生才能痛快潇洒！

2. 正确看待贫富

庄子说，荣华富贵降在你身上，并非你自身所固有的，犹如外物偶然到来，是临时寄托的东西。外物寄托，它们到来不必加以阻拦，它们离去也不必加以劝止。所以不可为了富贵荣华而恣意放纵，不可因为穷困贫乏而趋附流俗，身处富贵荣华与穷困贫乏，其间的快意相同，因而没有忧愁了。如今寄托之物离去便觉不能快意，由此观之，即使真正有过快意也未尝不是迷乱了真性。所以说，由于外物而丧失自身，由于流俗而失却本性，就叫做颠倒了本末的人。

庄子在这里旗帜鲜明地指出人应该以怎样的态度对待富贵与贫贱。

富贵与贫贱是对立的，是人生境遇的两种状态，一般人都是避贫贱而求富贵。这无可厚非。但是当人们实际上已经处在富贵或者贫贱的状态下，应如何处置呢？这个处置的态度如何，足可以看出此人的品行和德性的高低、优劣。而庄子的“不为轩冕肆志，不为穷约趋俗”，可谓指出了实现人生志向的坦途。

春秋时齐国宰相晏子不仅政绩可与姜太公、管仲比肩，而且以其自身的美德著世。他俭朴清廉，颇能自守，尤其在戒色欲方面值得一提。有一次，齐景公在晏子家喝酒，看见晏子的妻子又老又丑，就对晏子说：“我有一个爱女，又年轻又美貌，你娶她做妻子吧。”晏子听到这话就离开席位，非常郑重、严肃地说：“现在我的妻子的确又老又丑，但往昔我也曾看见过她年轻又美丽的样子。况且一个女子在年轻美丽时把自己托付给你，即是为了防老，我怎能违背自己的诺言呢！”就这样，晏子把这提亲之事拒绝了。虽然在古代社会三妻六妾对一个男子来说非常平常，对位居宰相位的晏子更是无可厚非，而晏子却只以自己老丑之妻为满足，以防女色误己误政误国，实属罕有！连景公宠臣梁丘据也颇为赞叹地说：“我到死怕也赶不上晏子了。”而晏子对此语的回答颇值得深思：“赶上我没什么难的。俗话说为者常成，行者常至，我并没有什么特殊之处，只不过常为不止，常行不休罢了！”对比辅佐齐桓公成就霸业，“然其家淫侈”的管仲，晏子又有过之的地方。

晏子位极宰相，尽可随心所欲，然而他能戒女色，而一心为政，不但个人为后人树立了典范，而且其卓绝的政绩也为历史称道。

从个人来说，富贵荣华都是生不带来、死不带去的身外之物。一旦生命终结，富贵者贫贱者都成了一抔黄土。惟有道德高尚的人，替人民办过好事的人，对社会做过贡献的人，可以活在人们的心里，可以超越个人的生命永垂不朽。庄子“不为穷约趋俗”的观点，历史上的名人志士也是具有同感的。金兰生著的《格言联璧》中讲：“贫不足羞，可羞是贫而无志；贱不足恶，可憎是贱而无能。”这里讲的就是贫不失志，贫不失义的道理。

历史上有发于畎亩之中的舜、举于版筑之间的傅说、举于士的管仲、举于海的孙叔敖、举于市的百里奚，原来都很贫贱，有的还是奴隶，后来都成了名君名臣。这说明贫贱的逆境对人的影响有两面性：一方面给人带来物质生活和精神上的痛苦；另一方面又可以锻炼人的意志，增长人的才干，也就是孟子说的："动心忍性，增益其所不能。"

外国人也有类似的看法。

泰戈尔说："世界之路并没有铺满鲜花，每一步都有荆棘。但是你必须走过那条荆棘的路，愉快，微笑！这是对人的考验，你必须把忧愁转变为有所得，把辛酸转变为甜蜜。"

罗曼·罗兰在他的作品中写道："累累的创伤，就是生命给你的最好的桌面，因为在每个创伤上都标志着前进的一步。"

哈代在作品中说："人生里有价值的事，并不是人生美丽，却是人生的痛苦。"

他们说的意思也是贫困苦难可以使人坚强，使人成熟，不必计较人生的困苦，那都是生活对我们的教诲。外国也不乏身处贫贱但善于接受生活教诲的人，最后取得了富贵和成功。美国总统林肯降生在猎人的小屋，成长在马车和帐篷里，当过帮工、船员和店员，受正规教育的时间加起来不到一年。漂泊无定的艰苦生活丰富了他的生活阅历，为他后来从事政治活动打下了坚实的基础。马克·吐温 12 岁起即自谋生路，以后长期流浪，当过水手、舵工和淘金者。这一段颠沛流离的苦难生活，是他独有的财富，使他成为举世闻名的作家。爱因斯坦大学毕业后长期没有固定的工作，但他以乐观的天性忍受物质生活的贫困而潜心于科学研究，建立了相对论，成为在物理学等许多领域都有重大成就的科学家。他们的人生经历证明了贫困是生活给我们的磨炼和教诲，它会使一切有志者受益无穷。

3. 功名皆为身后事

生活中很多人为了个人的目的经常使用的一招就是拍马屁。这种务虚不务实的行为，多是名利官场上的惯用伎俩。这些人活得很累，种种无形的压力也很大。

居里夫人是发现镭的著名女科学家，为人类做出了卓越的贡献。

一天，居里夫人的一个女友来她家做客，忽然看见她的小女儿正在玩英国皇家学会刚刚奖给她的一枚金质奖章，于是大吃一惊地问“这是极高的荣誉，你怎么给孩子玩呢？”

居里夫人笑笑说：“我是想让孩子从小就知道，荣誉就像玩具，只能玩玩而已，绝不能守着，否则将一事无成。”

通过这则居里夫人的故事，你是否悟到了点什么？

谚语云：“名声躲避追求它的人，却去追求躲避它的人。”这是为什么？著名哲学家叔本华回答得很好：“这只因前者过分顺应世俗，而后者能够大胆反抗的缘故。”

现实生活当中，有一部分人，追名逐利，处处钻营，不顾尊严地去溜须拍马，阿谀奉承，为的是满足自己的一官、一事、一职之贪。

这种现象之所以能盛行于世，原因有二：一是有相当多的一部分人一边反对拍马屁，一边又接受别人拍马屁，就像清代俞曲园《春在堂全集·一笑》记载的那样：“天下不喜戴高帽如吾师者，能有几人与欤？”二是拍马屁的人本领高强，令人防不胜防，被拍得昏昏欲睡也不知道。

鲁迅先生的《伪自由书·文学上的折扣》非常清楚地记述道：“《颂》诗早已拍马，《春秋》已经隐瞒，战国时谈士蜂起，不是危言耸听，就是以美词动听，于是夸大，装腔，撒谎层出不穷。”

著名女诗人秋瑾在《演说的好处》中称这种人为“最上等的人”，在他们的一生中，最拿手的本领就是谄媚，奉承，今日迎，明日送。有马立即拍马，无马到处寻马，以拍马为荣。他们惯用的谋略主要是瞒天过海，借刀杀人，无中生有，暗渡陈仓，有的时候是单独运用，有的时候是多种并举。

然而，这种“最上等的人”也有拍马屁被马踢着的时候。

拍马，本意是指用手掌轻轻地、用力均匀地拍打马的额部旋毛处。这种刺激能够恰到好处地调节马的感觉功能、运动功能和脏腑功能，而使其和善。

也许有人会问：为什么要将拍马头说成拍马屁呢？是否有误？这话一点也没说错，这是务实不务虚的人们共同的心声。因为他们看透了这种“最上等的人”拍马屁的利弊关系，又无回天之术，只得无可奈何地指头为屁，略作慰藉。但愿天下拍马之人都有被马踢着之时。

大千世界，五彩缤纷。那些不善于拍马屁的人虽然不如拍马屁的轰轰烈烈，却也会有人为其歌功颂德。谁是英雄，谁是楷模，只有盖棺之后才能定论。那些善于拍马屁的人，多数只能善始而不能善终。

因为，他们用钻营谋得来的权势，对上不得不唯唯诺诺，言听计从；对下虽能专横跋扈，逞一时之威，可是不受百姓拥戴，就像无源之水易于干涸，无本之木易于腐朽一样。

功名可求不可贪，还是把精力放在干些实事上吧。钱权交易是非常害人的。不如有钱干有钱的事，有权干有权的事。切记不要用钱去谋取权力，也不要用权换取金钱的侵蚀。它于己无益，于社会更是有害。

还是不要太过于顺应世俗，把花费在贪取功名上的精力投放到现实生活当中，踏踏实实走路，老老实实做人，摆脱贪权求荣的束缚，你才会活得更有意义，人生才会更丰富多彩。

二、偶尔放弃也是明智的选择

1. 给自己疲惫的心灵解解压

生活中，有人活得很累，很沉重，有人却活得很轻松，很潇洒。活得累的人，是因为有外物的牵绊，自己为自己设牢笼，向心灵上加压。活得轻松的人，是因为他们能够摆脱自我的限制，不受外物的牵绊，完全获得了心灵的自由。心灵自由，自然感觉轻松、舒坦。

在泰晤士河畔，住着一个农场主，据说他是全英国最快活的人。他从早到晚总是那样忙碌，同时像云雀一样快活地唱歌。他非常乐观，感染了许多人也都乐观起来。这一带的人都喜欢谈论他。终于，烦恼的国王想见他一面。

“我要去找这个奇异的农场主谈谈，也许他能告诉我怎样才能愉快。”他找到了农场主，农场主一见面就对他说：“我不羡慕任何人，因为我要多快乐就有多快乐。”

国王说：“我十分羡慕你，我的朋友。只要我能像你那样无忧无虑，我愿意和你换个位置。”

农场主笑了，给国王鞠了一躬说：“我肯定不和您调换位置，先生。”

“是什么使你如此快乐呢？而我，身为国王，却每天忧心忡忡、烦闷苦恼呢？”

农场主笑着说："我不知道你为什么忧郁，但是我能简单地告诉你我为什么快乐。我爱我的妻子和孩子，我爱我的朋友们，他们也爱我。我自食其力，不欠任何人的钱。我为什么不应当快乐呢？

"我明白了。"国王说，"我羡慕你，你戴的这顶普通的帽子比我这顶王冠更有价值。你的农场给你带来的快乐要比我的王国给我带来的还多。如果人们都像你这样，这个世界该是多么美好！"

我们这个赖以生存的世界，对那些乐观的人来说充满了光明的希望，所遇到每一件事都相当美好、可爱。而在那些悲观的人眼里，却充满了荆棘和危险，无论任何事情，都只能引起他们的恐惧和悲哀。我们平日或许会认为这种差异是由于各人所处的环境不同所致，但我们却曾看到许多人在艰难困苦的环境中，仍然自得其乐，而另一些人则虽处于颇为优裕的环境，却终日郁郁寡欢，有如大难之将临。

在生活的旅途中，有顺境也有逆境，有欢乐也有忧伤。不过有的人容易看到其中美好的一面，另一些人则只记住另外的悲哀一面。这样分析，我们就不难理解上面故事中"国王"为什么不快乐了。

有一个老太太，晴天也担忧，雨天也担忧，因为她有两个女儿，大女儿卖雨伞，二女儿卖冰棍。老太太晴天怕大女儿赚不到钱，雨天怕二女儿赚不到钱。有位智者开导她说："你老人家大可不必天天忧心。晴天的时候你就为二女儿高兴，今天冰棍一定好卖；雨天的时候你就为大女儿高兴，今天雨伞一定卖得好。这样一来，你就不必天天担忧了。"老太太一想果真有道理，怎么我从前就没想到这个理儿？

忧和喜是事物给你带来的两种心情，只要你不钻牛角尖，想问题善于从两面或多个角度去思考，哲理就在你身边，大可不必忧心忡忡。

以下是做人的一些经验之谈：

(1) 爱你周围的人并使他们快乐。

(2) 真正地去关心你的亲人、朋友、工作和四周细微的事物。

(3) 享受人生，别把时间浪费在不必要的忧虑上。

（4）献身于你的工作，别变成它的奴隶。

（5）每天抽出一点时间，让自己澄心静虑，使心灵宁静。

（6）凡事多往好处想。

（7）抓住瞬间的灵感，好好利用，别轻易虚掷。

（8）偶尔忘记思考，随心所欲吧！

2. 得之坦然，失之泰然

在人生旅程中，的确有很多东西都是靠努力拼打得来的，因其来之不易，所以我们不愿意放弃。比如让一个身居高位的人放下自己的身份，忘记自己过去所取得的成就，回到平淡、朴实的生活中去，肯定不是一件容易的事情。但是有时候，你必须放下已经取得的一切，否则你所拥有的反而会成为你生命的桎梏。

《茶馆》中常四爷有句台词："旗人没了，也没有皇粮可以吃了，我卖菜去，有什么了不起的?"他哈哈一笑。可孙二爷呢："我舍不得脱下大褂啊，我脱下大褂谁还会看得起我啊?"于是，他就永远穿着自己的灰大褂，可他就没法生存，他只能永远伴着他那只黄鸟。

生活中，很多人舍不得放下所得，这是一种视野狭隘的表现，这种狭隘不但使他们享受不到"得到"的幸福与快乐，反而会给他们招来杀身之祸。秦朝的李斯，就是一个很好的例证。他曾经位居丞相之职，一人之下，万人之上，荣耀一时，权倾朝野，虽然当他达到权力地位顶峰之时，曾多次回忆起恩师"物忌太盛"的话，希望回家乡过那种悠闲自得、无忧无虑的生活，但由于贪恋权力和富贵，所以始终未能离开官场，最终被奸臣陷害，不但身首异处，而且殃及三族。李斯是在临死之时才幡然醒悟的，他在临刑前，拉着二儿子的手说："真想带着你哥和你，回一趟上蔡老家，再出城东门，牵着黄犬，逐猎狡兔，可惜，现在太晚了!”

心理专家分析，一个人若是能在适当的时间选择做短暂的“隐退”，不论是自愿的还是被迫的，都是一个很好的转机，因为它能让你留出时间观察和思考，使你在独处的时候找到自己内在的真正的世界。尽管掌声能给人带来满足感，但是大多数人在舞台上的时候，其实没有办法做到放松，因为他们正处于高度的紧张状态，反而是离开自己当主角的舞台后，才能真正享受到轻松自在。虽然失去掌声令人惋惜，但“隐退”是为了进行更深层次的学习，一方面挖掘自己的潜力，一方面重新上发条，平衡日后的生活。

作家尹萍曾经做过杂志主编，翻译出版过许多知名畅销书，她在四十岁事业最巅峰的时候退下来选择了当个自由人，重新思考人生的出路，后来她说:“在其位的时候总觉得什么都不能舍，一旦真的舍了之后，才发现好像什么都可以舍。”

事实上，全身而退是一种智慧和境界。为什么非要得到一切呢?活着就是老天最大的恩赐，健康就是财富，你对人生要求越少，你的人生就会越快乐。对于我们这些平凡人来说，能怀一颗平常善良之心，淡泊名利，对他人宽容，对生活不挑剔，不苛求，不怨恨。富不行无义，贫不起贪心，这就是一种人生的练达。

能够拿得起，更要能放得下，这是一个很高层次的智慧，人生征途上，要懂得追求，也要学会放弃，特别是在人生的节骨眼上举重若轻，拿得起，放得下，这样才能拥有美丽幸福的人生。

3. 虚名毕竟只是虚物

虚名，指的是一种虚假的名声、荣誉，它往往对做人没有切实的帮助，是人刻意追求的身外之物，使人产生烦恼。

虚名不是虚荣，虚荣是一种内心的虚幻荣耀感，会使人脱离现实看世界；而虚名是别人加给的一种名誉，或者个人心中希望获取的荣誉。一般来说，名与实是相符的，一个人的名声和他实际所做的贡献是相等的。但是，有些人获得了名誉之后，就不再发展自己的才能，也不再做出自己的贡献，这种名誉就和实际渐渐地不相符合了，也就成了虚名。

做人如果被虚名所累，就会使人放弃努力，沉睡在他已经取得的名誉上，不思进取，最后将一事无成。

莱特兄弟 1903 年发明了飞机并首次飞行试验成功后，名声大噪。一次，有一位记者好不容易找到了兄弟两人，要给他们拍照。弟弟奥维尔·莱特谢绝了记者的请求，他说："为什么要那么多人知道我俩的相貌呢?"

当记者要求哥哥威尔勃·莱特发表讲话时，威尔勃回答道："先生，你可知道，鹦鹉叫得呱呱响，但是它却不能飞得很高很高。"

莱特兄弟俩视荣誉如粪土，不写自传，从不接待新闻记者，更不喜欢抛头露面显示自己。有一次，奥维尔从口袋里取手帕时，带出来一条红丝带，姐姐见了问他是什么东西，他毫不在意地说："哦，我忘记告诉你了，这是法国政府今天下午发给我的荣誉奖章。"

莱特兄弟对待名誉是这样的淡泊，他们是不为虚名所累的人。

悬挂在天空中的星星，我们看到它是小，却不能说它小，而且我们心中的小，也不能损伤它本体的大。何况还有许多没有被人发现、还不知道大小的星星存在着。例如星星依然还是星星，人们知道它而它的数量也不增加，人们不知道它而它的数量也不减少。

做人就是做人，千万不要为名声而做人，不要为了求人知道而做人。培根说："重虚名的人为智者所轻蔑，愚者所叹服，阿谀者所崇拜，而为自己的虚名所奴役。"

名声是一个人追求理想、完善自我的必然结果，但不是人生的目标。一个人如果把追求名声作为自己的人生目标，处处卖弄自己、显示自己，就会超出限度和理智。人一旦超出限度、超出理智时，常常会迷失自我。此时就不是你想干什么就干什么，而是名声要你干什么你就得干什么。这样岂不是变成了名声的奴隶吗？

三、心态决定你的人生

1. 别让消极的心态毁了你

对事物的看法，没有绝对的对错之分，但有积极与消极之分，而且每个人都必须要为自己的看法承担最后的结果。

消极心态者，对事物永远都会找到消极的解释，并且总能为自己找到抱怨的借口，最终得到消极的结果。接下来，消极的结果又会逆向强化他消极的情绪，从而又使他成为更加消极的人。

陈女士和刘女士一起在市场上经营服装生意。她们初入市场的时候，正赶上服装生意最不景气的季节，进来的服装卖不出去，可每天还要交房租和市场管理费。眼看着天天赔钱，这时陈女士动摇了，她以认赔 5000 元钱的价钱把服装店盘了出去，并发誓从此不再做服装生意。而刘女士却不这样想。她认真地分析当时的情况，觉得赔钱是正常的，一是自己刚刚进入市场，没有经营经验，要抓住顾客的心理，当然应该交一点学费；二是当时正赶上服装淡季，每年的这个季节，服装生意人也都不赚钱，只不过是因为别人会经营，能够维持收支平衡罢了。而且，刘女士对自己很有信心，知道自己适合做服装生意。果然，转过一个季节，刘女士的服装店开始赚钱。3 年后，她已成为当地有名的服装生意人，每年有 5 万元的红利。而陈女士在 3 年内改行几次，都未成功，仍然一筹莫展。

刘女士为什么能成功，因为她的心态是积极的，她总是将事情向好处看；陈女士为什么会失败，因为她的心态是消极的，她总是将事情向坏处看。

做人最大的敌人就是消极的心态。这种心态常常把我们吓倒。要想走向成功，必须有积极的心态，彻底清除和控制消极失败的想法。

自卑症、借口症、恐惧症和忧虑症是消极心态的具体表现，其他消极心态表现在悲观、压抑、偏见、固执、僵化，自我意识太强，过分追求十全十美，一蹴而就的心理；急躁、不讲方法的蛮干，冲动心理；畏难而退的心理，内疚悔恨，沮丧泄气，愤怒嫉恨……真是太多了。这些消极的想法常常光顾我们的头脑。它们像毒菌一样侵害我们的心灵。如果不加抵制，它们便会迅速繁殖扩散，使我们整个人生走向消极和失败。

长期受多种消极心理影响的人，几乎像得了癌症一样，从里到外，都表现出“我不能”、“我不行”、“我不要”等无能的症状。

以下是消极心态者的一些典型特征：

（1）永远悲观失望，抱怨他人与环境。

（2）总是将自己的消极情绪传染给他人。

（3）总是在关键时刻怀疑自己，散布疑云。

（4）常常自我设限，让自己本身无限的潜能无法发挥。

（5）因为自己行为消极，最终会让仅有的希望彻底破灭。

（6）整天生活在负面情绪当中，使自己不能享受人生固有的乐趣。

从某种程度来说，生活的意义就是要能够完全地发挥自己的能力，寻找自己在社会中的位置，让自己和社会共同发展，并找到实现个人价值和社会价值之间的最佳平衡。

那些活得太累的人，就是因为他们总是把生活问题复杂化，不明白大道至简的道理，才会疲累抑郁，烦恼丛生。

2. 修炼一副好心情

所谓的心性，其实就是一个人的善恶成分，好与坏，正确与错误，如何判断自我与外界关系的一种综合反映。

人是很奇怪的，对同样的一件事，今天可能这样看，明天也可能就那样看。人生中的某些艰难与不顺，甚至危险与可怕的事件，往往也就在“这样”或“那样”的心理上事先形成了。说“事先”是因为人的动态左右了许多事情。世间的不少事，皆是人为形成的，是人的动念起因，决定了那个后果。人想去谋利，想去得名，或想去做贼，或想变得崇高，这些想，都是“事先”动念。念先有了，事才会跟上。

而动什么念，向哪里去，就是心性了。

心性的外在表现，大多反映的是人的品行。

长期以来，人们把个人的品行过于社会化，个人品行的好坏，在更多的时候，只被强调为一个人社会公德如何。仿佛只有在公众的场合里，品行才能显示它的好坏。而对个体的自我无妨。

其实，心性最主要、最直接的，并不在对外部他人的影响力，而最严重的，是对个人生活的影响。一个人的命运如何，做事的成功与否，生活得是否美满，乃至悲欢离合的遭遇，都是在这个“心性”之中，由这个心性在作怪。

心性健康的人，会注意到阳光、友情、温暖，寻找到欢乐，不缺乏自我安慰的办法，并有回避危险的能力。在这个自然的层面上，好心性的人，会把日子过得舒畅，就是遇到挫折，也能自我调整，能较自然地处在一种对事物的全面理解中。这种心性，使人保持了一种起码的生活基调，并能获得此生的和谐。

而心性糟糕的人，生活起来便会遇到问题，总是事多。往往也总处在不顺畅中，内心黯淡，日日阴郁。这种人，往往也是过分自利的人。人在过分自利的状态下，本身就是一种艰难，负担会很重。心性丑恶的人，自然常常存有不好的念头，生出不利于自己和他人的想法，容易走入偏狭，自身也会产生郁闷，步入迷雾，常与谬误为伴而不知。内心也总是阴云密布。这样的人，就是不做什么事，也已经活得很累，很不开心了。

心性自然是指人的内心，连我们自己也并不一定每时每刻都能够看得很清楚。好的心性与坏的心性，也不是随时随地都能区分开的。但它却明明白白作用着一个人对事物和生活的整体看法，指导着人的每一个行为，紧密联系着人的喜怒哀乐。人的情感往往就从这里出发。人生的幸福与不幸福，命运的好与坏，甚至你到底能做多大的事，你的成功与失败，在长时间的过程中，往往都取决于你自己的心性。

所以心性首先是一个人自己的事情，关系着自己的命运与实际的生活，其次才体现出影响他人与社会的那个外部品行——道德。

为了自己的幸福与命运的畅顺，我们应该随时注意自己的心性，有意地修炼出一种好的心性，它会给你的学习、工作、生活带来极大益处，并让你拥有快乐的人生。

3. 心态决定了你的人生

生活的快乐与否，完全决定于个人对人、事、物的看法如何，因为，生活是由思想决定的。有什么样的思想就会有什么样的生活。

由此我们懂得了思想的重要性。只要知道你在想些什么，就知道你是怎样的一个人，因为每个人的特性，都是由思想造成的。我们的命运，完全决定于我们的心理状态。爱默生说：“一个人就是他整天所想的那些……他怎可能是别种样子呢?”

我们现在很清楚地知道，你我所必须面对的最大问题——事实上，几乎可以算是我们需要应付的唯一问题——就是如何选择正确的思想。如果我们能做到这一点，就可以解决所有的问题。曾经统治罗马帝国的伟大哲学家马尔卡斯·阿理流士，把这些总结成一句话——决定你命运的一句话：“生活是由思想造成的。”

不错，如果我们想的都是快乐的事情，我们就能快乐；如果我们想的都是悲伤的事情，我们就会悲伤；如果我们想到一些可怕的情况，我们就会害怕；如果我们总有不好的念头，我们恐怕就不会安心了；如果我们想的净是失败，我们就会失败；如果我们沉浸在自怜里，大家都会有意躲开我们。诺曼·文生·皮尔说：“你并不是你想象中的那样，而你却是你所想的。”

安东尼奥斯说过：“如果一个人不认为自己是快乐的，他就不可能快乐。”菲尔普斯也说过：“世界上最快乐的人是那些具有有趣想法的人。”

这正是积极心态的关键所在，其实，万物早已存在，当你觉得心情舒畅时，你会情不自禁地表现出快乐的神情。其次是要思想正确。要好好对待自己的心灵，积极地思考。一个积极思考者常会有意识地使自己保持心情愉悦。你期望快乐，便会找到快乐。你寻找什么，便会发现什么。记住，你完全可以支配自己的心态。正像戴尔·卡耐基所说：“一个对自己的内心有完全支配能力的人，对他自己有权获得的任何东西也会有支配能力。”当我们开始运用积极的心态并把自己看成是成功者时，我们就开始成功了。由此可见，心态决定了一切，心态决定了你的人生。

四、放弃负面心态，选择快乐人生

1. 像坏心情说“不”

我们都希望天天拥有一份好心情，但在实际生活中，我们却常常被各种各样的痛苦与烦恼所包围，不自觉地让坏心情左右了自己。

失恋，被老板炒鱿鱼，生意失败，股票套牢，没评上职称，与邻居吵架……这些都会使我们变得郁郁寡欢。有时一件鸡毛蒜皮的小事，也会让我们烦恼、忧郁、愁眉不展。作家刘震云写过一篇小说《一地鸡毛》，小说中的那个机关小干部，因为买的一块豆腐馊了，竟至一整天心情大坏，与妻子拌嘴，在机关不开心……

坏心情是有害的。首先，它会损坏我们的健康。坏心情会使一个女人老得更快，会使我们的表情难看、皱纹增多、头发脱落，会使我们得糖尿病、抑郁症，甚至精神崩溃，它也会缩短我们的寿命。得过诺贝尔奖的医学博士亚力西斯·柯瑞尔说：“不知道怎么抗拒忧虑的商人，都会短命而死。”

坏心情也会降低我们的生活质量，影响我们的工作效率，还会破坏和谐的人际关系。古语说：“一人向隅，举座不欢。”你垂头丧气，周围的人也很难高兴起来。

一位西方人说：“烦恼是具有最大破坏性且不利健康的心理恶习。”

因此，我们必须战胜坏心情，要设法摆脱坏心情的纠缠。

现在一些年轻人有一种排解坏心情的办法，叫“情绪化消费”。一位叫小立的女孩子，月收入不到2000元。接到男友分手的电话后，她什么也没说，下班后逛遍了北京的大商场，不管有用没用，买了不下1万元的衣服。回到家把买来的东西丢到柜子里，抱着毛绒玩具痛哭一场。另一个男青年小周，被单位辞退的当夜，满腹委屈地跑到最豪华的酒店，要了最昂贵的洋酒，喝了一个通宵，然后被送到医院，花了一生中最多的一次医药费。

……

总之，当自己有坏心情时，我们一定要设法化解它，但不能采取像小立和小周那样的做法：原来的愁闷不但没去掉，还添了新的心病。像小周，清醒后他的第一个感觉就是：我冒的是什么傻气呀？别的不说，光心疼那一夜一天扔出去的两万多块钱，他就一年没睡好觉。每想起冒傻气的事儿，就要经历一次情绪低潮。这种代价太高了，图了一时之快，弄得自己财政出现严重危机，实在是划不来。这种“情绪化消费”方法不值得采纳。

其实，要化解坏心情，最好的办法就是以一种很超然、很客观的态度去对待引发坏心情的事实。要自我安慰，不要长久地陷在已发生的不幸事件中，要多去想想那些能令我们愉快的事。要明白这样一个道理：“烦恼与欢欣……，仅在一念之间”（法国作家大仲马），“自寻烦恼者永远也不会寻不着烦恼”（英国文学家哈伯特）。

清人吴庄就是一个多愁善感的人。起先，平日里遇到凄风苦雨，他就感觉不好，在自己丧妻独居后，更加不堪忍受。凄风苦雨看来是老天爷给人添愁的呀。不过后来他找到了解决的办法：如果白天遇上风雨，就想象自己的心是温暖的太阳；如果夜里遇上风雨，就想象自己的心是皎洁的月亮。这时，风雨这个给人增愁的东西，反倒可以用来排除忧愁了。

有的人能将坏心情变为好心情，是因为他们知道，事实是现实存在的，人不可能熟视无睹，说没有就没有，但心情是可以自己掌握的。好比你口渴了，有人给了你半杯水。如果你想破坏自己的心情的话，你就可以愤愤地说："太小气了，才给半杯！"如果你想快乐，你就会很高兴地想：终于有半杯水可以解解渴了。你就会感谢对方，你的快乐就会使对方也快乐。

小立失恋了，小周被辞退了，他们心情很坏，怎么办？她疯狂购物，他借酒浇愁；她大哭一场，他大病一场……这些都无济于事。如果他们不去调整自己的心态，不去豁达地应对不幸的事实，任何办法最终也无助于使她摆脱烦恼。清人吴庄之所以能从丧妻的忧郁心情中走出来，就是努力使自己保持"吾心皎日"、"吾心明月"的良好心态，使"凄风苦雨"这"助愁之物"反倒成了"驱愁之物"。

美国《时代》周刊上登过一篇文章，谈到第二次世界大战时，有个士官被炮弹碎片剐伤喉咙，输了七筒血。他写了张纸条问医生："我会活下去吗？"医生回答："会的。"他又问："我还可以讲话吗？"医生回答："可以。"于是那个士官在纸上写道："那我还有什么好担心的？"

你也完全可以停止烦恼，对自己说："我还有什么可烦的？不就这么一回事儿吗？"

卡耐基说过，在我们的生活当中，约有百分之九十的事是好的，百分之十的事是不好的。如果你想过得快乐，就应该把精神放在这百分之九十的好事上面；如果你想担忧、操劳，或者得肠胃溃疡，你就把精神头放在那百分之十的坏事情上吧。

印度大文豪泰戈尔说："世界上的事最好是一笑了之，不必用眼泪去冲洗。"英国大戏剧家莎士比亚说："我愿意扮演一个小丑，在嘻嘻哈哈的欢笑声中老去；我宁可用酒温暖胃肠，不用悲哀的呻吟声去冰冷自己的心。”

读读俄罗斯伟大诗人普希金的诗吧，我们应该像诗人那样，以乐观积极的心态，以微笑应对生活中一切令人不快的事，让我们天天都有好心情——

假如生活欺骗了你，
不要忧郁，也不要愤慨。
不顺心的时候暂且容忍，
相信吧，快乐的日子就会到来！

2. 痛苦时要会自我安慰

生命有痛苦是正常的，有快乐也是正常的，如果你紧紧抓住痛苦不放，快乐就永远也不会到来。让我们放弃痛苦，抓住快乐，让生命重放光彩。而这一切，需要你给自己找一个远离痛苦的理由来安顿你的心灵。这个理由可以是无意中听到的一句话，也可以是发生在周遭的一件小事，还可以是你对生命的蓦然感悟。

一位丧子的母亲说：

“刚开始，我完全没办法平静，对于死去的儿子，不论我做什么，想什么，那种深痛的感觉就是存在，渐渐的，我让自己很忙，那时，我便没有多余的心思去思考儿子的死亡，但只要一静下来，甚至只是走路停下来一会儿，那种哀痛就会袭上来，令我无法招架。”

“现在，虽然想到仍会难过，但情况已不一样，我不再没事找事忙，故意逃避。当丧子之痛又来时，我让它涌上心头，我看着悲痛一点一点地走近我，然后渐渐地消退，平静也就跟着来了。”

“最痛苦的那一刻已经过去，我已经可以不必再抗拒那种情绪。如今，我可以再次体会人生的快乐，那些痛苦已不是现在的事了，它只是我人生的一部分，而我人生其他的道路，还可以继续走下去。”

面对痛苦的经历时，我们会先震惊，难以接受，接着便是不知所措和难以忍受，而且无法想象以后要怎么办，这时，我们便会想到逃避。

夏日游泳是一大享受，但在穿好泳装就要跳下水时，通常需要很大的勇气，水的温差会令我们产生抗拒。一旦跳下水后，适应了温差，我们反而会爱上水中的温度，并且不想离开泳池。

这种抗拒和对痛苦的抗拒一样，刚开始是痛苦的，后来，面对它之后，痛苦过去了，快乐便会出现。

不断的抗拒只会延长痛苦的时间，而该面对的仍然得面对。如果一味逃避，只会令自己深陷在痛苦中。

不要逃避痛苦的感觉，也不要逃避现在的生活，当痛苦来临时，去感受它；当痛苦渐行渐远时，不要再紧抓住它，让它成为真正的过去，这样才能好好地生活。

看看下面这个故事。

一艘游轮正在地中海蓝色的水面上航行，船上有许多正在度假中的已婚夫妇，也有不少单身的未婚男女穿梭其间，个个兴高采烈。其中，有位神采奕奕的单身女性，大约60来岁，也随着音乐陶然自乐：这位上了年纪的单身妇人，也曾遭丧夫之痛，但她能把自己的哀伤抛开，毅然开始自己的新生活，重新开始生命的第二度春天，这是经过深思之后所做的决定。

她的丈夫曾是她生活的重心，也是她最为关爱的人，但这一切全都过去了：幸好她一直有个嗜好，便是画画。她十分喜欢水彩画，现在更成了她精神的寄托。她忙着作画，哀伤的情绪逐渐平息。而且由于努力作画的结果，她开创了自己的事业，使自己的经济能完全独立。

有一段时间，她很难和人群打成一片，或把自己的想法和感觉说出来。因为长久以来，丈夫一直是她生活的重心，是她的伴侣和精神支柱。她知道自己长得并不出色，又没有万贯家财，因此在那段近乎绝望的日子里，她一再自问：如何才能使别人接纳我、需要我？

不错，才50多岁便失去了自己生活的伴侣，自然令人悲痛异常。但时间一久，这些伤痛和忧虑便会慢慢减缓乃至消失，她也会开始新的生活——从痛苦的深渊中解脱出来建立起自己新的幸福。她曾绝望地说道："我不相信自己还会有什么幸福的日子。我已不再年轻，孩子也都长大成人，成家立业。我还有什么地方可去呢？"可怜的妇人得了严重的自怜症，而且不知道该如何治疗这种疾病。好几年过去了，她的心情一直都没有好转。

后来，她觉得孩子们应该会为她带来幸福，因此便搬去与一个结了婚的女儿同住。但事情的结果并不如意，她和女儿相处得很不愉快，矛盾重重，以致于大家都感觉很尴尬。这位妇人后来又搬去与儿子同住，但也好不到哪里。后来，孩子们共同买了一间公寓让她独住。这更不是真正解决问题的方法。她后来找到了自己的答案——我得使自己成为被人接纳的对象，我得把自己奉献给别人，而不是等着别人来给我什么。想清了这一点，她擦干眼泪，换上笑容，开始忙着画画。她也抽时间拜访亲朋好友，尽量制造欢乐的气氛，却绝不久留。许多寂寞孤独的人之所以会如此，是因为他们不了解爱和友谊并非是从天而降的礼物。一个人要想受到他人的欢迎或被人接纳，一定要付出许多努力和代价。她开始成为大家欢迎的对象，不但时常有朋友邀请她吃晚餐，或参加各式各样的聚会，并且她还在社区的会所里举办画展，处处都给人留下美好的印象。

后来，她参加了这艘游轮的"地中海之旅"。在整个旅程当中，她一直是大家最喜欢接近的对象。她对每一个人都十分友善，但绝不紧缠着人不放，在旅程结束的前一个晚上，她的舱是全船最热闹的地方。她那自然而不造作的风格，给每个人都留下深刻印象。

从那时起，这位妇人又参加了许多类似这样的旅游，她知道自己必须勇敢地走出痛苦，并把欢乐带给大家。她所到之处都给人留下友善的印象，人人都乐意与她接近。她也终于走出了生活阴影，变成了一个开朗乐观的人，重新拾回了属于她的快乐和幸福。

许多时候我们总是抓住痛苦不放，以至于丧失了快乐的机会。事实上，如果我们能够放下痛苦，就能赢得生活的快乐。

3. 给负重的自己适时减压

米兰·昆德拉告诉人们："一个人身上的担子越重，就越能感受到生活的充实与快乐。"任何人注定都要承担一部分责任，创造一部分价值，担起生命的重量。事实证明，担子越重，脚印越深；脚印越深，步子越稳。这样，做起事情来才更有成功的胜算，因为任何一个健康的人都大有潜力可挖。

慵懒的人无所事事。他们不愿付出却只想得到回报，他们轻飘飘地走得一点痕迹都没有。说得难听一点儿，这样的人存在与否对这个世界都不会有太大的影响。特别是年轻人，经历磨难能使自己获得更多的经验，使自己变得更加坚强。

当然，没有人天生愿意吃苦，而生命赋予人的是痛苦与幸福大体等值。"居安思危"，当你享受幸福的时候，或多或少应该考虑如何避免可能袭来的痛苦，这绝对不是杞人忧天，如果你是一个强者，就更应该感受到这一点。尽管人们崇拜你，但是，他们更愿意打倒你。强大对自己是一种荣耀，对别人却是一种伤害。所以，越是有成绩的人，他们身上的担子越重。

一个人要想获得成功，就应该时刻做好准备，不仅是准备摘取桂冠，更多的是琢磨怎么来加重自己的负担，这是一种积极的自觉。如果你的内功足够好，背个几百斤不成问题，当然，你可以用很多办法来完成这种操作。比如说把担子放在骆驼背上，你骑着骆驼往前走。置身高科技时代，还可以把理念嫁接在远航器械上。只要你把握好这个尺度，未必需要自己卖傻力气。阿基米德说，我们只要找到一个支点，就能撬起整个地球。地球毕竟比担子重多了。

俗话说：害人之心不可有，防人之心不可无。遇事三思而后行，谨慎小心总不为过。你费了半天劲，好不容易到达目的地了，哪曾想到不少人等着篡夺你的胜利果实，就如同在动物世界中，鹿吃得越饱，长得越肥，也就越合老虎的胃口。所以你必须避开这个庞然大物，如果避不开，也应该保持足够的距离。

生活是一个过程，志向不可以太高，心态也不能过急，急了就可能忘记把重要的东西放在肩上。于是，很多事情就会变得残缺。这种残缺跟维纳斯绝不一样，它不美，这种残缺的人被说成是成事不足败事有余。他们今天可能是大老板，明天就成了倒霉蛋，就像熊瞎子掰苞米，掰一个丢一个；而猴子只摘了一只，偷偷地在旁边吃完了，还在一旁笑它。因此，凡事都应该做到踏踏实实、稳中求胜，才能让负重的自己活得更好。

拥有一个良好的心态对于每个人来说都是至关重要的。坎伯曾经写道："我们无法矫治这个苦难的世界，但我们能选择快乐地活着。"

其实，天底下没有绝对的好事和绝对的坏事，有的只是你如何选择面对事情的态度。如果你凡事皆抱着负面的心态，那么就算让你中了1000万的彩票，也是坏事一桩。因为你害怕中了彩票之后，有人会觊觎你的钱财，进而对你采取不利的行动。一个人心态的好坏完全操之在我，就好比你的手指被扎了一根刺，你应该高兴地喊一声：幸亏不是扎在眼睛里！记住：你有权选择自己的心态，只有选择了快乐的心态，你才会拥有快乐的人生。

第九章 选择另一半

——自己的幸福只能自己做主

我们每一个人都渴望拥有甜蜜的爱情、幸福美满的婚姻。但是在现实生活中，不和谐的婚姻却比比皆是。究其原因，一是男女双方都犯了选择上的错误，没有找到最适合自己的人；二是不懂得用心去经营自己的婚姻，因此才出现了那么多痛苦的、失败的婚姻。记住：你有权利选择自己的幸福。找一个最适合自己的人，与他(她)一起努力经营好自己的婚姻，“执子之手，与子偕老”，岂不是人生最大的幸福？

一、自己的幸福只能自己选择

1. 爱情不需要苛求完美

在这个世界上，无论男女都希望从爱情中寻得安全的港湾与爱的滋润。女人寻找的是“白马王子”，男人寻找的则是才貌双全的“人间尤物”。他们寄予爱情与婚姻太多的浪漫，这种过于理想化的憧憬，使许多人成了爱情与浪漫的俘虏。

其实，十全十美的人在现实生活中根本不存在，有些人，特别是女性，往往容易一味沉醉于罗曼史所带给她们的短暂刺激之中。其实爱情可以让人创造奇迹，也可以令人陷入盲目，要知道美满的爱情不是那些日思夜想的白日梦，而且即使再美丽的梦想也不过是一个梦而已。脱离实际的幻想，超乎现实的理想化，往往使爱情失去真正的色彩。

莎莎、刘静、李立是好得不能再好的闺中密友，三人中刘静长得最美，莎莎最有才华，只有李立各方面都平平。三个人虽说平时好得恨不能一个鼻孔出气，但是在择偶标准上，三个人却产生了极大的分歧。刘静觉得人生就应该追求美满，爱情就应该讲究浪漫，如果找不到一个能让自己觉得非常完美的爱人，那么情愿独身下去。而莎莎觉得婚姻是一辈子的大事，必须找一个能与自己志趣相投的男人才行。只有李立没有什么标准，她是个传统而又实际的人——对婚姻不抱不切实际的幻想，对男人不抱过高的要求，对人生不抱过于完美的奢望，她觉得两个人只要“对眼”，别的都不重要。

后来，李立遇到了陈军，陈军长相、才情都很一般，属于那种扎在人堆里就会被淹没的男人，但他们俩都是第一眼就看上了对方，而且彼此都是初恋的对象，于是两个人一路恋爱下去。对此刘静和莎莎都予以强烈的反对，她们觉得像李立这样各方面都难以“出彩”的人，婚姻是她让自己人生辉煌的唯一机会，她不应该草率地对待这个机会。但是李立觉得没有人能够知道，漫长的岁月里，自己将会遇见谁，亦不知道谁终将是自己的最爱，只要感觉自己是在爱了，那么就不要放弃。于是李立23岁时与陈军结了婚，25岁时做了妈妈。虽说她每天都过得很舒服、很幸福，但她还是成为了女友们同情的对象，刘静摇头叹息：花样年华白掷了，可惜呀；莎莎扁着嘴说：为什么不找个更好的？

当年的少女被时光消耗成了三个半老徐娘，刘静众里寻他千百度，无奈那人始终不在灯火阑珊处，只好让闭月羞花之貌空憔悴；而莎莎虽然如愿以偿，嫁给了与自己志趣一致的男士，但无奈两个人总是同在一个屋檐下如同两只刺猬般不停地用自己身上的刺去扎对方，遍体鳞伤后，不得不离婚。离婚后，除了食物之外她找不到别的安慰，生生将自己昔日的窈窕，变成了今日的肥硕；昔日才女变成了今日的怨女。只有李立事业顺利，家庭和睦，到现在竟美丽晚成，时不时地与女儿一起冒充姐妹花招摇过市。

刘静认为完美的爱人、浪漫的爱情，能使婚姻充满激情、幸福、甜蜜，其实不然，完美的爱人根本就是水中月镜中花，你找一辈子都找不到。况且即使你找到了自己认为是最美满、最浪漫的爱情之后，一遇到现实的婚姻生活，浪漫的爱情立刻就会溃不成军，因为你喜欢的那个浪漫的人，进了围城之后就再也无法继续浪漫了，这样你会失望，失望到你以为他在欺骗你；而如果那个浪漫的人在围城里继续浪漫下去，那你就得把生活里所有不浪漫的事都担持下来，那样，你会愤怒，你以为是他把你的生活全盘颠覆了。

莎莎自视清高，把精神共鸣和情趣一致作为唯一的择偶条件，她期望组织一个精神生活充实、有较强支撑感的家庭，她希望夫妻之间不仅有共同的理想追求和生活情趣，而且有共同的思想和语言。可是事实证明她错了，她的错误并不在于对对方的学识和情趣提出较高的要求，而在于这种要求有时比较偏狭和单一。实际上，伴侣之间的情趣，并不一定限于相同层次或领域的交流，它的覆盖面是很广泛的，知识、感情、风度、性格、谈吐等都可以产生情趣，其中，感情和理解是两个重要部分。情感是理解的基础，而只有加深理解才能深化彼此间的情感，双方只要具备高度的悟性，生活情趣便会自然而生。

李立的爱也许有些傻气，但是恰恰是这种随遇而安的爱使她得到了他人难以企及的幸福。爱情的感觉的确很重要，感觉找对了，就不要考虑太多，不然，会错过好姻缘的。将来的一切其实都是不确定的，不确定的才是富于挑战的，等到确定了，人生可能也就缺少了不确定的精彩了。李立很庆幸自己及时把握了自己的感觉，青春的爱情无法承受一丝一毫的算计和心术，上天让李立和陈军相遇得很早，但幸福却并没有给他们太少。

那些像李立一样顺利地建立起家庭的青年，似乎都有一个共同的心理特征，即他们敢于决断，不过分挑剔。爱情中的理想化色彩是十分宝贵的，但是理想近乎苛求，标准变成了模式，便容易脱离生活实际，显得虚幻缥缈。

在爱情领域里，确定一个标准，并不是获取爱情的正确方法。因为，形成爱情的各种因素，实际上是呈模糊分布状态。过于苛求，只能导致失败。爱一个“完美”的人简直是难于上青天，因为这个人压根儿就不存在。世间没有一个爱人是完美的，也没有一份感情是毫无瑕疵的，如果有这样一个人，他在你心目中是绝对完美的，不曾有一丝的缺点，让你敬畏但又渴望亲近他（她），这种感觉不叫爱情，而是“崇拜”。

2. “尴尬感情”放弃还是忍受

所谓不该发生的感情，指的是婚外情，它不可能得到人们的祝福和认可，并多半以失败的结局而告终，它就像露水一样极容易蒸发，结果给双方带来了无尽的痛苦。

这种畸形的恋情，就像一束璀璨的烟花，燃放的开始，火树银花，美得不可思议，可终究逃不过它既定的结局。

张玲大学毕业后不久就与男朋友李涛同居了，可是令她没有想到的是，李涛竟背着她跟在法国留学的前任女友藕断丝连，后来在前女友的帮助下，李涛很快就办好了去法国留学的签证，这时一直蒙在鼓里的张玲才知道事情的真相，就在她还未来得及悲伤的时候，李涛已经坐上飞机远走高飞了。没有了李涛，张玲也就没有了终成眷属的期待，她决心化悲痛为力量，将业余时间都用在学习上，准备报考研究生，她想充实自己，也想在美丽的校园里让自己洁净身心。

可是就在这时她发现，她怀上了李涛的孩子，唯一的方法是不为人知地去做人工流产，而她的家乡并不在这里，她实在找不到可以托付的医院或朋友。她的忧郁不安被她的上司吴处长发现了，在一次下班后办公室里只剩下张玲一个人时，吴处长走了进来，他盯着她看了好半天，突然问起了她的个人生活。这一段时日的惶恐不安使张玲经不起一句关切的问候，她不由得含着眼泪将自己的故事合盘托出。第二天吴处长便带她到一家医院并顺利做完了手术，又叫了一辆出租车送她回到宿舍，并为她买了许多营养品。

从那以后，她和吴处长之间仿佛有了一种默契，即已让他分担了她生命中最隐秘的故事，她不由自主地将他看作她最亲密的人了。有一天，她在路上偶然遇到吴处长和她爱人，当时正巧碰上他爱人正在大发脾气，吴处长脸色灰白，一声不吭，他见到张玲后，满脸尴尬。

第二天，吴处长与她谈到他的妻子，说她是一家合资企业的技术工人，文化不高收入却不低，在家中总是颐指气使，而且在同事和朋友面前也不给他留面子，他做男人的自尊已丧失殆尽。说着说着，他突然握住她的手，狂热地说：“我真的爱你。”她了解他的无奈和苦恼，也感激他对她的关心和帮助，虽然明知他是有妇之夫，但还是身不由己地陷了进去。

不知是出于爱的心理还是知恩图报，反正她从此成了他的情人，他对她说的最多的一句话就是：“我是真的喜欢你，你放心，我很快就会办离婚。”可是从来不见他开始行动，她心里明白，他不可能离开老婆孩子，但只要他真心爱她，她可以等待。

他们经常在办公室里幽会，时间一过就是两年，她无怨无悔地等了他两年。一天晚上，当吴处长正狂热地亲吻她时，办公室的门突然被撞开了，单位里另一个处的李处长一声不吭地在门口站了一会儿，一言不发就走开了。吴处长顿时脸色惨白，原来，李处长正在与他争夺晋升副局长一职，可见他处心积虑地窥探他们已有多时。吴处长惊慌失措，仓皇地离她而去。她预料到会有事情发生，果然，他捷足先登，到上级那里交待，他痛心疾首地说自己一时糊涂，没能抵挡住她投怀送抱的诱惑。

她气愤至极，赶到他家里要讨个说法，她毕竟涉世未深，她还是个女孩子，他爱人不明就里，把她让到书房，不一会儿，她看到吴处长扛着一袋大米回来了，一进门就肉麻地叫着他爱人的小名，分明是一位体贴又忠诚的丈夫。然后直奔厨房，系起了围裙，等他爱人好不容易有空告诉他有客人来了时，他甩着两只油手，出现在书房门口，一见是她，大张着嘴半天说不出一句话。

刹那间，她的心泪雨滂沱，为自己那份圣洁的感情又遭践踏，也为自己真心错许眼前这个虚伪软弱的男人，所有的话都没有必要再说，她昂首走出了房门。

由于吴处长主动向上级表示放弃晋升机会，李处长理所当然地成为了副局长，一切都息事宁人，局里也没有公开此事。

自尊心很强的她带着一身的创伤，辞职离开了这个给了她太多伤心的城市，从此开始了漂泊的生活。

从古至今，无数的女人在等待中度日如年，憔悴红颜。女人执著地等待，是以为自己没有错，以为心诚能使铁树开花。然而在男女的特定关系中，最难用是非对错来衡量，更多的却是心智、策略和手段的较量与契合，有时等待是合理的，有时等待就是一种浪费，比如爱上有夫之妇或者有妇之夫，这样的等待，时间越长，伤害就越大。在婚外恋中当事人并非不知什么是应该做的，什么是不应该做的，其实他们心中是雪亮的，只是有时是身不由己，有时是故意与自己过不去。

无数个尝试过婚外情的人，都会得出这样的结论：婚外情是绝对不可取的。它就像有毒的鲜花，看似美艳绝伦，一旦触及就会给人带来难以想象的伤害。我们应发挥好自己手中选择的权利，用理智而清醒的头脑去选择真正属于自己的幸福。

3. 给彼此一些喘息的空间

爱情是人生中美丽璀璨的篇章，但爱情是美好的也是脆弱的，有时甚至越是刻意去把握它，它反而消失得越快，因为爱得深，所以总是怕失去。人变得敏感而多疑，总想抓牢自己的爱情，可越是这样越容易失去自我，失去彼此之间应有的宽容和谅解，爱情也会因此而变成了一种简单的责任与义务，失去了它原本的美好。

人们常常将婚姻比作围城，围城外的人想进去，围城里的人想出来。为什么有人想进去的地方，有些人却想从这里出去呢？因为相爱总是简单的不外乎两情相悦，花前月下，海誓山盟，凡人都可以做到的。但是真正相处在一起就是另外一回事了，由于性格、爱好、习惯各个方面的差异，使两个人相处总会产生各种各样的矛盾。随着岁月的流逝，曾经认为浪漫温馨的举动如今看来也成了阻碍两人情感交流的障碍了。

当然，更重要的是围城里面的人失去了可贵的自由。想想当初做单身贵族的时候，想怎么做就怎么做，想怎么样就怎么样，而如今两个人相处就要迁就对方，要做很多以前自己不愿做的事情。还有另外一些人呢，觉得对方对自己的照顾、关心成了限制自己自由的举动。

曾经有一对青梅竹马的夫妇，他们的关系非常好，可以说是如胶似漆，周围人都很羡慕他们。丈夫每天都会去妻子的公司接她回家，妻子公司的职员们都说她找到了一位好丈夫。但就是这样的夫妻最后却分道扬镳了，理由就是妻子认为丈夫的举动限制了她的自由，让她觉得丈夫不信任自己，感到自己就像个囚徒，时时在丈夫的监视之下。因此决定离开丈夫，拥有属于自己的空间。

两个人如何相处是个很大的学问，如何把握尺度是每一对伴侣必然遇到的问题。如果对伴侣过于限制，那么对方就会感到压抑，感到自己失去了自由，所以夫妻之间应该给彼此留一点空间，让伴侣能够更轻松愉快地与你相处。

有一位很爱丈夫的妻子，她觉得既然自己很爱丈夫，那么就应该无微不至地关怀他，从衣食住行到工作与交际，甚至丈夫有几个朋友，他们与丈夫联系了几次，都谈了些什么等等，事无巨细，她都要过问。在她看来，这才是真正亲密无间的体贴的爱。由于操心太多，她不但容颜憔悴，而且工作时，常常神情恍惚。

丈夫起初很感激妻子的细致与温情，然而，渐渐地他开始觉得有些厌烦，感觉到妻子对自己干预太多，信任太少，与妻子渐渐疏远，他对妻子说："你能否给咱们各自一点空间？你操那么多闲心，所以才总是显得很劳累。家庭就是一个舒适的放松之地，为什么要把咱俩都搞得那么紧张呢？"

妻子听了感到很痛苦，她不明白：为什么自己这样的深情却换不回来丈夫的真心？于是她开始关注各种爱情指南，偶尔翻一本书，上面有这样一句话："好的爱情是不累的。"于是她幡然醒悟，明白了：夫妻间必须留有一定的距离，不要使双方感到透不过气来。但是间距要适中，太远，“听”不见对方爱的呼唤；太近，“看”不到对方情的流盼。

有人用刀与鞘来比喻生活中的夫妻，说如果刀与鞘天天黏在一起，一点多余的自由和独立的空间都不给对方，那么最后就可能完全锈死了。虽然从外面看还是有一个完整的形象，但是实际上早已经名存实亡，夫妻之间也是如此。如果彼此间没有独立的心灵空间，就会使爱情窒息而亡。

北宋著名词人秦观有句名言：“两情若是长久时，又岂在朝朝暮暮。”这固然是对劳燕双飞、分居两地的夫妻的心理安慰，但未尝不是对终日厮守的情侣的醒世忠告。因为即使是恩爱夫妻，天长日久的耳鬓厮磨，也会有爱老情衰的一天。

有很多人高喊捍卫爱情纯洁的口号，将爱人紧紧绑在自己的视线之内，惟恐其越雷池半步，用这种方法维持下去的婚姻，好像是把家庭建成了一座不透风的监狱，而爱人就成了囚在狱中、被判了无期徒刑的犯人，人生来谁不渴望自由，所以狱中的人总想出逃，这种做法等于是亲手将爱情送进了坟墓。

天长地久的爱，不是用誓言来为对方戴上手铐，而是用信任把他释放。真正的爱情无需你去限制，对方从爱上你的那一刻起，就已经没有了绝对的自由，因为对方心里牵挂着你，默默信守你们彼此的承诺，天涯海角总是思念着你，对方的身心被你占据着，这岂是全然的自由？在爱中，不要以为只有完全放弃了自己的自由，才是对爱情的忠贞。

人与人相处，应该允许对方有自己的隐私和秘密，即便是夫妻间也是如此，每个人心里都有一片不可触碰的圣地，人人都有不愿回忆的往昔，人人内心中都有一片真正属于自己的角落，假如它的存在无关大局，不影响现在的夫妻感情，那就让它留在全封的记忆里吧。给爱人适度的自由，也是爱他的一种表现。只要把握好爱情这个“度”，相信你们之间的爱情会更加美好，更加牢固。

二、树立正确的择偶观

1. 真爱绝不是占有

我们都知道一代才女林徽因的故事。林徽因曾经与徐志摩有过一段恋情，但后来在梁启超的大力促成下，林徽因嫁给了梁启超的儿子梁思成，成就一段良缘。梁思成与林徽因在建筑上的许多见解都影响深远。但是可能很少有人知道，著名的哲学家、逻辑学家及教育家金岳霖，为了林徽因终生未娶。

梁思成在林徽因死后续娶了他的学生林洙，林洙在怀念金岳霖的文集里披露了一段故事：当时梁林夫妇住在总布胡同，金岳霖就住在后院，但另有旁门出入，平时走动得很勤快，就像一家人。1931 年梁思成从外地回来，林徽因很沮丧地告诉他："我苦恼极了，因为我同时爱上了两个人，不知道怎么办才好！"梁思成非常震惊，一种无法形容的痛苦捉住了他，仿佛连血液都凝固了。他一夜无眠翻来覆去地想，他一方面觉得痛苦，一方面也很感谢林没有将他当成一个傻丈夫，她坦白而诚实得好像是个小妹妹，招惹了麻烦向哥哥讨主意。他问自己，徽因到底和谁在一起会比较幸福？他虽然自知他在文学、艺术上有一定的修养，但金岳霖那哲学家的头脑，也是自己比不上的。第二天，他告诉林徽因："你是自由的，如果你选择了老金，我祝愿你们永远幸福。"说着说着，两个人都哭了。后来林将这些话转述给金岳霖，金岳霖回答："看来思成是真正爱你的，我不能伤害一个真正爱你的人，我应该退出。”从此他们再不提起这件事，三个人仍旧是好朋友，不但在学问上互相讨论，有时梁思成和林徽因吵架，也是金岳霖作仲裁，解除他们的误会，让他们重归于好。

金岳霖从此对任何人都不动心，终生未娶，待林梁的儿女如己出。

读完这段浪漫的故事，我们不禁对这两个男人博大的胸怀和洒脱的性情，肃然起敬！他们是真正领悟了爱情的真谛：给爱人自由，尊重爱人的选择。当林徽因面临爱情的抉择时，两个男人都从他们的爱人和朋友的幸福出发，做出让步，让所爱的人真正快乐。而做出这样的选择需要何等的勇气！正如有所放弃就会有回报一样，梁思成的让步使他再次赢得了爱的权力，金岳霖的让步使他们之间的友谊更加深厚，更加牢固。

我们即使做不到这两位先辈那样的洒脱，但我们也要学会如何去爱我们所爱的人。我们要学会在适当的时候放手，给对方以追求幸福的机会，同时也成全我们自己的幸福和快乐。因为，放手的同时，意想不到的快乐也会悄然降临。

相信大家也都看过电影《廊桥遗梦》。卡洛琳和迈克的母亲弗朗西斯卡，在1965年的一天，认识了摄影记者罗伯特·金凯。两人在曼麦迪桥边一起工作，拍照。夜色降临，回到弗朗西斯卡的家里，在轻柔的音乐舞曲中，两人情不自禁地相拥共舞。然而弗朗西斯卡却不愿舍弃家庭，两人痛苦地分手了。后来，她得知了罗伯特的死讯。弗朗西斯卡在遗嘱中要求将她的骨灰撒在曼麦迪桥畔。

《廊桥遗梦》之所以感人，也是这种为对方着想的成全之爱。短暂的爱情如何化为真实的永恒？弗朗西斯卡顾及的是比热烈的激情更深沉的责任，不愿为了自己的幸福，且是不确定的幸福，而让她的家人痛苦。而罗伯特·金凯尽管深深爱着弗朗西斯卡，但他仍然尊重了她的离他而去的选择，很少有人不被感动的。选择舍弃，要比选择战斗，需要更大的智慧和勇气。尊重爱人选择的生活方式，是一种更加博大的爱。

这也是这个故事之所以动人的部分。

真心地爱一个人不是占有，而是为了对方的幸福可以割舍自己的幸福。如果一段真情可以留住，我们当然尽力去争取，但如果爱已不复存在，我们就要懂得潇洒地舍弃，这是给我们所爱过的人的最珍贵的礼物。

2. 爱情与婚姻相差甚远

朱德庸的漫画《涩女郎》这样表达对爱情的看法：

结婚久了最大的坏处就是：有时躺在床上，你分不出老婆和枕头之间有什么区别；婚姻的好处，是你永远有个属于自己的去处，问题是你也永远只能有这个去处了；爱情让人麻痹，婚姻让人麻木，爱情令人盲从，婚姻让人盲目。

钱钟书的《围城》探讨了很多人都深为困惑的问题，即爱情和婚姻之间的矛盾。他给这种矛盾以极为经典的阐释：婚姻好比一座城堡，外面的人总想进去，而已经进去的人又总想冲出来。他的话表达了很多人正面临的困惑，然而也揭示了一个辩证的道理：即爱情和婚姻所带给人的东西都是两面性的，没有绝对的幸福，也没有绝对的不幸。婚姻好比一碗面条，懂得生活的人会用精致的锅、上等的调料、一流的技术和专注的心情去烹调，使其美味无比；而不懂得如何珍惜幸福的人，则只会用一碗白水马马虎虎地随便煮煮，面条当然索然无味了。

有一个平凡而浪漫的故事。一对夫妻在一起生活了大半辈子，平平淡淡，相濡以沫。老头和老太太都爱吃鱼。每次吃鱼，老头都把鱼头让给老太太吃，而老太太则把鱼尾让给老头吃。有一天，老头将要平静地死去，他眯缝着眼，颇为神秘地对老伴说：“告诉你一个秘密，其实我最爱吃的是鱼头，嘿嘿。”老伴听了，十分惊愕，既而充满歉意地告诉他：“其实我最爱吃的是鱼尾，原来我们都犯了一个错误。”他们是犯了一个错误，然而这错误是美丽的！在鱼头和鱼尾的互相谦让中，他们细心经营着甜蜜的婚姻、幸福的生活和真挚的感情。他们的一生没有白过，他们共同走完了生命的长长历程，有平坦，也有坎坷，有过争吵和矛盾，但更多的是平平淡淡中的甜蜜。他们能一生一世都深爱对方，不是因为他们从来没有烦恼，而是因为他们都有一颗宽容、善良的心，他们有很大的耐心，有善待自己和他人的胸怀，有笑看生活的美丽心情。

我们如果能做到他们一半的宽容和耐心，我们将会发现，生活原来可以如此美丽，爱情其实可以无比的甜蜜。婚前谁都希望有一个惊心动魄的爱情故事，婚后谁都盼着甜蜜的幸福能像海涛一样一浪高过一浪。然而，最美好的家庭，最理想的婚姻，就是两个人都善于宽容。婚姻这本经书，开头是华丽的文字，中间则是平淡的记叙和枯燥的流水账，读完它，需要耐心，读好它，则需要心态。

有人说，婚姻就是个杯子，提供个容器，让男人和女人重新活一回。不过这个杯子没配小勺，谁都不可能非把两个人搅和在一起，别人看着干着急也没有办法，只能靠着相互的融合力，让这本来很苦的生活散发出点香味来。如果把两个人放进爱情的杯子要靠缘分的话，那能够让两个人融合到一起的水，就是宽容。对于没有勺子搅拌的咖啡来说，这似乎决定了最后的味道。

结了婚的人，如果有这样的生活和这样的心情，那该是多么的美妙：“背靠着背坐在地毯上/听听音乐聊聊愿望/你希望我越来越温柔/我希望你放我在心上/你说想送我个浪漫的梦想/谢谢我带你找到天堂/哪怕用一辈子才能完成/只要我讲你就记住不忘/我能想到最浪漫的事/就是和你一起慢慢变老……”

三、如何进行美满婚姻的策划

1. 婚姻中忌讳喋喋不休

在地狱中的魔鬼所发明的毁灭爱情的各种方法中，喋喋不休是最致命的，它像毒蛇的毒汁一样，永远侵蚀着人们的生命。

喋喋不休就像狱中的魔鬼一样，破坏着爱情。它总是能够得逞，像眼镜蛇咬人一样足以致人于死地。俄国大文豪托尔斯泰的夫人也明白这一点，可是已经太晚了。当她在临死前，向她女儿忏悔说："你父亲的去世，是我的过错。"她的女儿们没有回答，而是失声痛哭起来。

她们知道母亲说的是实话。当年她们的母亲不断地抱怨、长久地批评，父亲就是在这种压抑下去世的。可是托尔斯泰和他的夫人处在优越的环境里，应当十分快乐才对。托尔斯泰是历史上最伟大的文学巨匠之一，他的两部名著《战争与和平》和《安娜·卡列尼娜》，都是人类文学史上不朽的作品。

托尔斯泰在世时倍受人们的爱戴。他的崇拜者，甚至于终日追随在他身边，将他所说的每一句话，都像宝贝一样记下来，甚至连"我想我该去睡了!"这样一句平淡无奇的话，也都记录下来。现在俄国政府，把他所有写过的文字，都印成书籍，这样合起来有一百卷。

除了崇高的声誉外，托尔斯泰和他的夫人有财产、有地位、有孩子。普天下几乎没有像他们那样美满的姻缘，他们的结合似乎是太美满了。所以开始时，他们也确实幸福。

后来，发生了一件惊人的事，托尔斯泰渐渐地改变了。他变成了另外一个人，他对自己过去的作品感到羞愧。就从那时候开始，他把剩余的生命，贡献于写宣传和平、消灭战争和解除贫困的小册子。

托尔斯泰的晚年是悲凉的，而起因就是他的婚姻。他妻子喜爱奢侈、虚荣，可是他却轻视、鄙弃这些。她渴望着显赫、名誉和社会上的赞美。可是，托尔斯泰对这些却不屑一顾。她希望有金钱和财产，而他却认为财富和私产是一种罪恶。

这样经过了好多年，她吵闹、谩骂、哭叫，因为他坚持放弃他所有作品的收益，不收任何的稿费、版税。可是，她却希望得到这些财富。当他反对她时，她就会像疯了似的哭闹，倒在地板上打滚，她手里拿了一瓶鸦片烟膏，要吞下去。

在某天晚上，这个容颜已老、心受折磨的妻子，还在渴望着爱情的温暖，她跪在丈夫膝前，央求他朗诵50年前他为她所写的最美丽的爱情诗章。当他读到那些美丽、甜蜜的日子，现在已成了逝去的回忆时，他们俩都激动得痛哭起来。但是昔日已经无法重现了。

最后，在托尔斯泰82岁的时候，他再也忍受不住家庭折磨的痛苦，就在1910年10月的一个大雪纷飞的夜晚，他摆脱了妻子而逃出家门，不知所终。

11天后，托尔斯泰因患肺炎，倒在一个车站里。他临死前的请求是：不允许他的妻子来看他。

这就是托尔斯泰夫人抱怨、吵闹和歇斯底里所造成的悲剧。

娶了老婆，就是娶了唠叨。这是一个真理，但更大的真理是，男人需要老婆，但他不需要唠叨。另外一个真理是失去了唠叨，就可能失去老婆。要想拥有老婆，就得终生忍受唠叨。这是上帝给男人安排的捆绑销售策略。

2. 婚姻需要双方的包容

生活中我们常见到这样的情景：一对夫妻年轻的时候倒也有敬有让，但时间长了，却斤斤计较起来。你看我不顺眼，我看你不对，为了一点鸡毛蒜皮的小事儿也会大打出手，其实这都是因为我们没能相互包容。结婚久了，彼此的毛病和不足暴露无遗，同时我们自身的差异也都显现出来，这时候如果不能互相包容，一味地要求对方改变而适应自己，那就注定会伤害到婚姻。

男人和女人之间总是存在差异的。在婚姻的最初几年，他们还能小心翼翼的相互包容，但时间一长，耐心早消退了，于是我们就常常在生活中看到这样的场景：当女人工作了一天回到家，想对丈夫说点什么时，男人要么不耐烦，嫌女人唠叨；要么听一点点后，就随便提供一个答案或结论。当女人感到不满时，他就觉得迷惑。实际上，女人要的是被重视的感觉，是那种感情的共鸣与交流，但男人以为她要的是一个答案或结论。同样，男人对女人最常见的抱怨是女人企图要改变他们。当女人结婚后，她觉得有责任帮助他，并帮他改变他的做事方式，她以为她这样对待自己的丈夫是在帮助他，但男人却觉得被控制了、没有自由了。

处理好两性差异，需要夫妻双方的共同努力。要记住的是，你无法去改变别人，你只能改变自己。而在这一方面，做妻子的要多做一点努力，因为不可否认的是，在婚姻中往往是妻子对丈夫提出的要求更多些。做妻子的应该明白，在男人心中工作和事业很重要，丈夫希望妻子谅解他对工作的过度投入，别经常埋怨他因工作或有关的应酬冷落了自己。

钱财对男人来说，除了可提供安定、富足的生活外，也是权力的一种象征。因此，在购买较为贵重的物品时，大多数丈夫都希望妻子能事先跟他们商量一下，尊重他们的意见。

几乎所有的男性婚后都喜欢跟婚前的旧朋友继续交往，所以妻子不要过分地限制他跟同性朋友的来往。

并非每个男人都能言善辩、细心体贴，有些男人对妻子说话口气太生硬，对妻子缺少应有的温存，其实这也可能是他表达关心的一种方式。因此，女性应多留意丈夫如何做，而不必太计较他如何说。

另外，做丈夫的对婚姻中的问题也应当担负一定责任，毕竟一个巴掌拍不响，夫妻问题不可能只由一方引起，你应该学着尊重你的妻子。

人无完人，每个人都懂得这个道理，但当丈夫或妻子身上出现了这样或那样的缺点时，彼此却半点也容不下，弄得好好的一个家庭常因为一点小事就搞得鸡飞狗跳。

秀英与丈夫林祥是很恩爱的一对，她对丈夫也很满意，但是她丈夫有一个小毛病，就是与朋友一玩起来就忘了回家。年轻的时候，还懂得收敛点，年龄越大倒越放肆了。有一次他与朋友出去玩，一整夜都没回家。秀英一气之下，第二天约了朋友也出去玩到很晚，甚至没有打个电话给丈夫，她丈夫急得把电话打到了她的同事、她的父母那里。秀英回家后，丈夫气冲冲地质问她去了哪里，为什么不打个电话给他。秀英一句："你不也这样吗?"气得他不再说话。但从此以后两人的关系越闹越僵，你不是能在外面玩嘛，我比你玩得更厉害，家成了个冰冷的旅店。

其实秀英如果当初能多包容点丈夫，又怎会使问题变得这样严重。早上起床上班前，给丈夫留张纸条，告诉丈夫饭菜在冰箱里，需要热一下，吃完饭后洗个澡上床睡觉。任何一个丈夫看到这样的纸条都会感动不已，将心比心，他下次一定会有所收敛，而以牙还牙的报复只会把对方推得更远。

两个人能够结成夫妻是一种缘分，夫妻双方都应该珍惜，当初你接纳对方成为你的另一半时，就意味着接纳了她（他）的全部，包括优点和缺点。

因此，你接受了婚姻，也必须是接纳了对方的缺点。在现实生活中，要想婚姻美满，你就必须强迫自己尽量忽略对方的缺点，这样可以消除婚姻的“阴影”。柴米夫妻，食的是人间烟火，谁也不可能完美无缺，只要不是原则性的大问题，就不要求全责备。对方无意间带给你的小小伤害或不悦，宽容大度一些就过去了。

宽容对方的缺点，可以消除婚姻的“斑点”。夫妻就像两块拼在一起的木板，其接合并非天衣无缝，质地和纹路也不尽相同。任何一方都不能用自己的特点去消灭对方的特点，也不能按照自己的标准去要求对方。允许各自保留一块独具特色的“自留地”吧。

很多夫妻都不能找到正确的方法来对待彼此的缺点和差异：无休止的谩骂和指责，使他们的婚姻成了悲剧。上有老、下有小，离又舍不得，不离又过不好，闹到这种进退两难的局面，只是为了生活中一些鸡毛蒜皮的小事，值得吗？想要拥有和谐的婚姻，我们就应该彼此包容，合力建造一个温馨的家庭，这才是一个人最大的成就。

托尔斯泰说：“幸福的家庭是相似的，不幸的家庭各有各的不幸。”如果说幸福的家庭有什么秘诀的话，那就是给予对方更多的宽容、更多的理解、更多的赞赏、更多的关怀，而少抱怨、少指责、少批评。只要你能做到这些，你就一定会拥有美满、幸福的婚姻。

3. 每天都给彼此一个沟通的时间

即使夫妻二人很相爱，沟通与交流也是至关重要的，它能够拉近彼此的距离，并在沟通中建立理解和信任。

和爱人相处，首先要懂得求大同，存小异。为了让两人的感情交流畅通无阻，双方应该在生活的各个领域内，力求缩短彼此之间的心理距离。例如在教育子女的问题上，妻子主张“爱”为主，丈夫主张“严”为主，这样双方就产生了矛盾。然而，在“必须对子女进行教育而不是放任自流”这个大是大非问题上，双方应该首先取得一致意见，然后妻子和丈夫可以按照自己的模式，适当灵活地对子女进行教育。这样做，不但有利于子女的健康成长，而且也有助于你们之间的关系能够得到协调发展。

同时，注意发现和培养你们共同的情趣。共同的兴趣和爱好，可以增加夫妻间谈话的广度和深度，增加感情交流的频率和速度，尤其是寻找彼此能够共享的某些事情，使双方充满乐趣。

一个丈夫非常喜欢看球赛，几乎是每场必看，并一看到底，而妻子则喜欢静悄悄地坐在旁边打毛衣。听丈夫的大叫大嚷，并把丈夫的这种嗜好嘲笑成小孩子的把戏。后来双方发现，如果要使两人的关系得到进一步发展，妻子必须更进一步理解丈夫的这种嗜好。而丈夫则应帮助妻子加深理解。于是，经常在吃过晚饭之后，为了能同时观看球赛，丈夫尽管十分讨厌收拾碗筷，但他还是走过来帮妻子收拾，然后两人坐下来边看边谈球赛。通过这种生活中毫不起眼的一幕，他们解决了矛盾，分享了欢乐，有时候还为他们驱散了遮在其婚姻上空的一片片阴云。

其次，要学会时刻表达你对对方的感激和爱情。丈夫对妻子做的每一件小事都应表示感激之情，即使是给他熨了一件衬衣，也是如此。妻子对丈夫在生活上的体贴、经济上的帮助也应该表示感激。夫妻双方时刻使用“谢谢你”三个字，看来无关紧要，实际上这是情感交流的一种有效方式。因为彼此能感觉到自己是被人需要的。

有时候感情交流还需要亲口说出来，最能表达夫妻情意的就是“我爱你”，即使你们结婚多年且关系良好，也不要忘了这三个字，它会帮助夫妻之间架起一条全天候的通讯线路，使不幸的日子可能变得容易承受，使美好的日子变得更加灿烂。

然后，你要学会敏感和倾听。夫妻应当知道彼此的需求。丈夫回到家里显得忧虑和沮丧，那么无论妻子说什么都不会引起他的兴趣，这时应该给丈夫多一点亲昵和爱抚。同样，当妻子闷闷不乐、沉默寡言时，丈夫应当放下手中的工作，静静地坐在妻子的身边，聆听妻子的心声。这就需要双方增加敏感性，帮助妻子或丈夫解决他们的内心冲突。无论哪一方在学习、工作和生活中受挫后，另一方的循循善诱、冷静明智以及间或表现出来的无限爱恋，正是他（她）所渴望的。因此，爱人之间应该学会用整个身心来感受对方的灵魂，倾听对方的意见，从而拉近你们的距离。

用交流来建立彼此的信任，在不断的沟通中拉近双方的心灵，从而让爱情更加坚固而持久。

四、不要将婚姻逼到窒息

1. 不能坚持的需要放弃

这个世界上恐怕没有谁是为了仇恨而相爱，为了离婚而结婚的，但是，走入围城的男男女女们总是会发出“相爱容易相处难”的感叹。有时，家似乎变成了一个没有硝烟的战场，夫妻如对垒的两军，在生活逐渐富裕的时候，面对爱人的感情背叛，你的婚姻究竟要如何存在的确是件为难的事。妇联曾做过一项调查发现，人到中年，经济状况转好后，婚姻的动荡和不和谐的比例最高。

刘慧是一位普通的中年女人，她所遇到的问题在社会上相当普遍，听听她的故事，我们或许能有更多的体会。

刘慧在国企上班，丈夫是国家机关的副局长，算是既有权又有钱。最近几年，丈夫开始变化，经常找借口很晚才回家，夫妻之间能谈的话越来越少。后来，听朋友说她丈夫在外面有了情人，她自己也曾在商场看到丈夫和别的女人亲密的样子，她质问丈夫，可他一口否认，说她是没事找事，自寻烦恼，以后他们之间的交流更多是在吵闹中进行，丈夫甚至说：“你有本事也去找相好的，我不干涉，你也不用管我。”她真的没想到同甘共苦近20年的夫妻，日子刚刚好过了就要面对丈夫的移情别恋，她不知该怎么办。如果离婚，没有自己的房子可以住，女儿要高考，怕情绪受影响，再说，明明是他的过错，为什么自己要承担离婚后的经济压力，有20年的感情基础，她仍寄希望于他回心转意，家庭稳定；但是如果不离婚，心理和感情上又不能接受，她说她的仇恨在增长，两人见面，不是视而不见，就是冷嘲热讽，有时她觉得如果丈夫出了意外而死掉她都不会伤心，对她来讲，婚姻更多是一种生存需要，她无法放弃，忍耐已成为一种习惯。

生活中还有很多像刘慧这样的人，为了房子、孩子等实际问题，宁可心碎，也不舍得家庭破碎，守着徒有虚名的婚姻，在争斗和吵闹中度日。

也有的人不愿意“只共苦，不同甘”，不服气离婚后将丈夫这个“成熟的桃子”便宜了别人，努力降低对丈夫的期望值，重新对待自己的生活，等他迷途知返的一天。有的人以其人之道还治其人之身，丈夫怎么做，她也怎么做，婚姻似乎给了他们彼此伤害的权利。有的人对前途有信心，坚决不能忍受背叛的感情，重新选择生活……

或许，只有到结束的时候，人们才会去回味、反思，面对婚姻、感情、生活、房子、孩子、金钱等问题，虽然人都会有各自的考虑和选择，但种种不幸并不完全是由生活开始变得相对富裕而带来的，更大的原因是人们还没有学会在日子越来越好之后如何心平气和地面对感情和婚姻。

在生活走向富裕的旅途上，确实有“钱多了，情淡了”的情况，更重要的是，现代婚姻观念里人们强调更多的是感情质量，是两情相悦，这使爱情和婚姻在开放的、多变的社会中多了变数，增加的未知性和不安定性是以往的阶段所不能比拟的，“感情基础”已不仅只用时间来衡量，而有了更多的精神内容，要不要带着承诺在婚姻的这条船上同舟共济，许多人正面临选择。

2. 非分不是福分

社会上很多男人都以能坐享“非分”之福而得意洋洋：“家里红旗不倒，外面彩旗飘飘”；“家里有个爱人，外面有个情人，”这才是上等男人的生活。事实上这种“上等男人”的日子并不好过：既担心“前院”爆炸，又害怕“后院”失火。同时，又得背负对情人的责任和对妻子的愧疚，日子过得提心吊胆，一旦事情闹穿帮，不是家庭破裂，就是名誉扫地。

刘某在一家会计师事务所任职，衣着贵气、风度翩翩。别人看着他时，眼里总是透着羡慕！事业上一帆风顺，家中还有一位如花美眷，人生至此，夫复何求？其实别看刘某风光，他也有一肚子的苦恼：妻子比刘某小5岁，年轻漂亮，大学毕业后就嫁给了他，现在在家中做全职太太。妻子没什么不好，但总是把生活重心放在他身上，这让刘某有种被动压抑的感觉。但最近刘某添了一个烦恼，那就是他的情人佳佳。佳佳是事务所的一名实习生，活泼美丽，尽管知道刘某已经有了妻子、孩子，还是不顾一切地甘心当他的情人。最初的一段日子，刘某过得很甜蜜，但慢慢地麻烦就来了：妻子责怪刘某不回家，佳佳抱怨刘某不陪她；今天妻子要刘某陪她逛街，明天佳佳又要求去吃烛光晚餐……刘某经常是左支右绌，里外不是人！渐渐地，刘某觉得自己过得太累了，对着妻子作贼心虚，既觉得有愧，又害怕被拆穿；和佳佳在一起时，总得小心翼翼地讨好她，没有片刻轻松，何苦来呢？刘某真不知道该怎么办了！

男人刚开始婚外恋时，会觉得一切都显得新鲜刺激，整个人都年轻了十岁，好像又重温了过去恋爱的种种：期待电话的心情，怦然心跳的感觉，或是兴奋地想要引吭高歌，或是一股暖流涌过心头。整个人好像活在梦幻中。

但很快他就会发现自己如今除了要向妻子尽义务外，也要向情妇尽义务。他必须同时满足两个人对他的期望。因此他在两个人之间疲于奔命，没有一点属于自己的时间。刚开始原以为自己找到了一处没有责任、可以自由休憩的“世外桃源”，没想到如今这块乐土也变成了有义务、要负责任的负担。

因此当初是抱着要找一处可以不必负责任的爱情，作为暂时栖身之所的动机的男士，到了这个时候开始打退堂鼓了。

刘某决定和佳佳分手，但事情远没有他想象的那么容易——佳佳坚决不肯分手，反而要求刘某和妻子离婚。这可把刘某吓坏了，他怎么能抛妻弃子呢？佳佳干脆告诉他，如果他再提分手，自己就去找他妻子，把事情捅破。这回刘某可明白什么叫做作茧自缚了，可是这时后悔已经太晚了。3个月后，妻子发现了这件事，她愤怒地找到事务所大闹了一场。“狐狸精”佳佳被解雇，刘某在公司颜面扫地，也只得辞职了。佳佳在跟他要了一笔钱后去了上海，而妻子虽然为了孩子并未与他离婚，但却总是对他冷冰冰的，甜蜜的气氛很难找得回来了。

男人家庭观念很强，但偏又忍不住外界的诱惑，吃着碗里的，看着锅里的，总幻想着“贤妻美妾”的生活。这种想法其实很可笑，前两年那部反映中年人情感的电影《一声叹息》中的那位可怜的丈夫，就是一些人的真实写照。

很多男人开始婚外情，都是为了寻找一段新鲜的刺激，并不想因此失去好丈夫、好父亲的名誉。但实际上，一旦他们迈出这一步，未来的发展就不是他们能控制的了。即使侥幸能回到妻子的身边，也得永远背负违背家庭道德的罪名。为了一段偷偷摸摸的欢愉，闹成这样值得吗？

3. 给自己一个重新选择的机会

人生最怕失去的不是已经拥有的东西，而是失去对未来的希望。失恋对于每个人来说，都是人生的必经阶段。失恋从某种意义上来说并不是坏事，它会让你更清醒、更理性地看待自己的感情，也会让你变得更加成熟和坚强。你应该明白，找一个最适合你的人才是最重要的。记住，下一个他（她）更适合你。

有一个女孩子，一向保守，但由于一时冲动，和男朋友有了婚前性行为。她恼怒、悔恨，却也安慰自己："没关系，他是爱我的！"

后来，他男朋友对她实在是不好，她天天找人诉苦，却又不离开他。她妹妹劝她："别再傻了，快些离开他吧！别再和自己过不去。"

她说："不可以，他是我的第一个男人，也是我的初恋！"

现在，她仍和她的男朋友在一起，偶尔流着眼泪诉苦，偶尔安慰自己："他总会知道我是真心对他好的！"

也许，女孩想要的只是自我安慰而已。她很会劝别人分手，最会讲的便是："别傻了，快离开那个男人，别再白白受苦。"这么会劝别人的人，最后却劝不了自己，终究也只能令自己受苦。

为什么有些人失恋时，悲痛欲绝，甚至踏上自毁之路？为什么有些恋人在遭遇挫折，不能永远在一起时，会有双双殉情自杀的行为呢？

爱情对于某些人来说，是生命的一部分，是一种人生的经验，有顺境有逆境，有欢笑有悲哀。所以，当和一个人相爱时，会觉得快乐，觉得幸福。但当分手时，或者遇上障碍时，会自我安慰地说："这是人生难免的，合久必分，也许前面有更好、更适合我的人哩！"于是他们会勇敢地、冷静地处理自己伤心失落的情绪，重新发展另一段感情。

有另外的一些人，会觉得一生里最爱的就是这个人，不相信世界上有更完美、更值得他们去爱的人，所以当这段恋情出现波折时，他们就会失去了所有的希望，也对自己的自信心和运气产生怀疑。认为对方不再爱自己，就等于自己是不值得别人去爱的。这段关系遭受外界的阻力，就等于“天亡我也”。如此，他们就会有比较极端和消极的想法，有可能会选择自杀的道路。

伤心的人们，请你们注意：其实，现实人生里，很少有人是像电影小说、流行歌曲所形容那样幸福地可以一次恋爱就成功，永远不分开的。大多数人都是经历过无数的失败挫折才可以找到一个可长相厮守的人。

所以当你失恋时，当你们不可能永远在一起时，你应该告诉自己：“还有下一次，何必去计较呢？”无论你这次跌得多痛，也要鼓励自己，坚强起来，重拾那破碎的心，去等待你的“下一次”。

佳玉有一天整理旧物，偶然翻出几本过去的日记。她翻了几页，都是些现在看来根本不算什么，可是在当时却感到“非常难过”、“非常痛苦”或是“非常难忘”的事。看了不觉好笑，佳玉放下这本又拿起另一本，翻开，只见扉页上写道：“献给我最爱的人——你的爱，将伴我一生！我的爱，永远不会改变！”

看了这一句，佳玉的眼前模模糊糊地浮现出一个男孩的身影。曾经以为他就是自己生命的全部，可是离开校门以后，他们就没有再见面，她不知道他现在在哪儿，在做什么。她只知道他的爱没有伴自己一生，她的爱，也早已经改变。

许多人曾经以为只要好好爱一个人，就不会分手，现在才知道，你对他好，他也一样会爱别人。曾经以为自己不会再爱上第二个人，可是一旦你经历了一生中的第二次爱情，就会发现和第一次一样甜美，一样折磨人，一样沉迷，一样刻骨。

人生是个漫长的旅程。在这个旅程中，人们大都要经历若干级人生阶梯。这种人生阶梯的更换不只是职业的变换或年龄的递进，更重要的是自身价值及其价值观念的变化。在“又升高了一级”的人生阶梯上，人们也许会以一种全新的观念来看待生活，选择生活，并用全新的审美观念来判断爱情，因为他们对爱情的感受或许完全不同了。

这种情况在某些影星生活中常可见到。英格丽·褒曼在其自传《我的故事》中叙述了自己的三次婚姻的始末。她的初恋在当时的境况下是一次满意的恋爱。然而，这位天才少女的奋斗历程和她的价值观念是同步成长的，当她蜚声影坛时，褒曼才找到了她的生活位置和人生价值：她完全成熟了。因而，她水到渠成地做了第二次选择：与同行罗伯托结合。这次选择，对于作为超级影星的褒曼来说，应当说是合情合理的。尽管生活逼迫她做了第三次选择，她的女儿曾断定母亲“不善于选择丈夫”，但褒曼的一生的爱情光轮都是围绕着与她志同道合的罗伯托男爵的。

这种人生的“阶梯性”与爱情心理中的审美效应的变化关系在许多历史伟人的生活中也可看到，比如歌德、拜伦、雨果等，他们更换钟情对象“往往表现了他们对理想的痛苦探求，同现实发生冲突所引起的失望，和试图通过不同的人来实现自己的理想形象的某些特点的结合”。

我们在经历了许多的人、许多的事、历尽沧桑之后，就会明白：这个世界上，没有什么是不可以改变的。美好、快乐的事情会改变，痛苦、烦恼的事情也会改变，曾经以为不可改变的，许多年后，你就会发现，其实很多事情都改变了。而改变最多的，竟是自己。不变的，只是小孩子美好的、天真的愿望罢了。